# ZEITSCHRIFT FÜR ANGEWANDTE GEOLOGIE

HERAUSGEGEBEN VOM
ZENTRALEN GEOLOGISCHEN INSTITUT
IM AUFTRAG DES
MINISTERIUMS FÜR GEOLOGIE

AUS DEM INHALT



AKADEMIE-VERLAG · BERLIN

HEFT 8
BAND 23
AUGUST 1977
SEITE 369—424

EVP 2,— M

34114

| INHALT | | СОДЕРЖАНИЕ | CONTENTS | |
|---|---|---|---|---|




Die ZEITSCHRIFT FÜR ANGEWANDTE GEOLOGIE berichtet ständig über folgende Arbeitsgebiete: Geologische Grundlagenforschung und Lagerstättenforschung / Methodik der geologischen Erkundung / Ökonomie und Planung der geologischen Erkundung / Technik der geologischen Erkundung / Geologie und Lagerstättenkunde im Ausland. In der Zeitschrift können alle strittigen Fragen der praktischen Geologie behandelt werden. Die Autoren übernehmen für ihre Aufsätze die übliche Verantwortung.

# Zeitschrift für angewandte Geologie 8/77

Herausgegeben vom Zentralen Geologischen Institut Berlin im Auftrag des Ministeriums für Geologie der Deutschen Demokratischen Republik
Verlag: Akademie-Verlag, 108 Berlin, Leipziger Straße 3–4


NÖLDEKE, W.; SCHWAB, G.

**Zur tektonischen Entwicklung des Tafeldeckgebirges der Norddeutsch-Polnischen Senke unter besonderer Berücksichtigung des Nordteils der DDR**

Z. angew. Geol., Berlin, **23** (1977) 8, S. 369–379, 7 Abb., 73 Lit.

Es wird ein Überblick über die strukturelle Entwicklung des Deckgebirges in der Norddeutsch-Polnischen Senke unter besonderer Betonung paläotektonischer und beckendynamischer Gesichtspunkte gegeben. Die Entwicklung zwischen Oberem Stefan/Autun und Tertiär vollzog sich in vier Entwicklungsstadien: Aktivierung (Frühstadium, Stefan – Saxon I), Hauptabsenkung (Saxon II – Mittlerer Keuper), Differenzierung (Oberer Keuper – Unterkreide) und Stabilisierung (Oberkreide – Känozoikum). Sie führte in den beiden letzten Stadien zu einer zunehmenden Angleichung des Senkenraums an den Stabilitätszustand der Osteuropäischen Tafel. Dieser sich in verringerten Sedimentationsraten als Ausdruck abnehmender Senkungsintensität abzeichnende Prozeß wird von einem rhythmisch-zyklischen Aufbau der lithologischen Abfolge mit Ausbildung von vier Großzyklen überlagert, deren zeitlicher Umfang sich jedoch nur zum Teil mit den ausgeschiedenen Entwicklungsstadien deckt (Saxon II – Mittlerer Keuper, Oberer Keuper – Wealden/Valangin, Hauterive – Maastricht/Mittelpaläozän, Oberpaläozän – Quartär).

ALEXEJEW, F. A.

**Zum Zoning der Erdöl- und Erdgasgenese in der Lithosphäre nach isotopengeochemischen Untersuchungen**

Z. angew. Geol., Berlin, **23** (1977) 8, S. 379–382, 2 Abb., 3 Tab., 10 Lit.

Die Isotopenzusammensetzung des Kohlenstoffs aus Kohlenwasserstoffen verschiedener Umwandlungszonen der organischen Substanz wird einer genaueren Betrachtung unterzogen. Danach läßt sich eine biochemische, eine Übergangs- und eine thermokatalytische Zone mit charakteristischem Isotopenbestand des im Methan enthaltenen Kohlenstoffs unterscheiden. Ein Schema des vertikalen Zonings der Erdöl- und Erdgasgenese wird vorgestellt, in dem eine obere Zone der Gasbildung (Methanentstehung) dargestellt ist, die die biochemische und die Übergangszone der Umwandlung organischer Substanz (0 bis 1800 m) mit ihrem charakteristischen Reichtum an leichten Kohlenstoffisotopen beinhaltet. Darunter folgt eine Zone der Erdöl-Erdgasbildung, die mit der thermokatalytischen Zone der Umwandlung organischer Substanz übereinstimmt (1,8 bis 6,0 km). In sehr großen Tiefen (6 bis 7 km und mehr) wird eine Zone thermokatalytischer Hochtemperatur-Gasbildung angenommen.

Autorenkollektiv

**Metasomatose und Erzbildung**

(Referat: W. BEYER)

Z. angew. Geol., Berlin, **23** (1977) 8, S. 383–385

PREUSS, B.; GINDORF, L.; WINTRICH, H.

**Zur Methodik mikrophotometrischer Untersuchungen an dispers verteilten organischen Substanzen zur Bestimmung des Diagenesegrads von Sedimenten**

Z. angew. Geol., Berlin, **23** (1977) 8, S. 385–390, 7 Abb., 52 Lit.

Mikrophotometrische Reflexionsmessungen an dispers verteilten organischen Substanzen (DIVOS) ermöglichen Schlußfolgerungen hinsichtlich der stattgefundenen Diageneseprozesse in Sedimenten und damit zur Erdöl- und Erdgashöffigkeit. Es werden Möglichkeiten und Grenzen der Methode diskutiert. Vff. vertreten die Auffassung, daß eine Untersuchung der DIVOS im natürlichen Gesteinsverband günstiger ist, als die Anreicherung mit chemischen Methoden. Außerdem werden die auf der Grundlage vom ausgelesenen Flözvitrain ermittelten Inkohlungsparameter „Reflexionsvermögen" und „Flüchtige Bestandteile" unter Einbeziehung des Exinits miteinander verglichen. Abschließend wird betont, daß die Ergebnisse von mikrophotometrischen Reflexionsuntersuchungen an DIVOS durch weitere Untersuchungsverfahren erhärtet werden sollten. Behandelt werden die selektive Oxydation der Kerogene sowie die Fluoreszenzphotometrie.

RÖSLER, H.-J.; NESTLER, P. u. a.

**Zur Herkunft der Karbonate in basischen Gesteinen auf Grund von $^{18}O$ und $^{13}C$-Isotopenuntersuchungen**

Z. angew. Geol., Berlin, **23** (1977) 8, S. 390–393, 2 Abb., 1 Tab., 19 Lit.

Es wurden 65 karbonatische und magmatische Gesteine des Paläozoikums der DDR auf die C- und O-Isotopenzusammensetzung im Karbonat-$CO_2$ untersucht. Diese Isotopenanalyse ermöglicht es, den magmatischen und sedimentären Einfluß für die Bildung der Karbonate halbquantitativ abzuschätzen.

BLANKENBURG, H.-J.; NOACK, G.; WANEK, I.

**Zur Beziehung zwischen der Primärgenese der Quarze und der Korngröße des Quarzsandes von Hohenbocka**

Z. angew. Geol., Berlin, **23** (1977) 8, S. 393–395, 3 Abb., 3 Tab., 2 Lit.

Die Primärgenese der Quarze der Lagerstätte Hohenbocka wurde bestimmt und dabei eine Korrelation zur Korngröße des Sandes, zur Rundung und zur Oberflächenrauhigkeit der Quarzkörner herausgearbeitet. Auf die Bedeutung der Untersuchungen für geologisch-genetische Aussagen und rohstoffkundliche Problemstellungen wurde hingewiesen.

VOIGT, H.-J.

**Zur Geochemie der Spurenelemente Brom, Jod, Bor, Strontium und Lithium in den Mineralwässern des Nordteils der DDR**

Z. angew. Geol., Berlin, **23** (1977) 8, S. 395–402, 9 Abb., 13 Lit.

Die regionale Verbreitung der Spurenelemente Brom, Jod, Bor, Strontium und Lithium in den Mineralwässern des Nordteils der DDR und die statistische Auswertung ihrer Wechselbeziehungen zu den anderen Schichtwasserkomponenten zeigen, daß die Anreicherung von Brom in den Wässern auf das engste mit der Bildung des Makrochemismus der Lösung verbunden ist. Dagegen kann das Verhalten der anderen Spurenelemente in den Grundwässern nicht unmittelbar auf diesen Prozeß zurückgeführt werden. Jod und Bor lassen eine korrelative Bindung zur organischen Substanz im umgebenden Gestein erkennen. Die Anreicherung von Strontium in den mineralisierten Grundwässern wird neben den lithologisch-faziellen Bedingungen vom Sulfatgehalt der Wässer kontrolliert.

MILCOVEANU, D.

**Spektrale Analyse und Synthese des äquivalenten Modells waagerechtes unendliches Prisma mit dreieckförmigem Schnitt zwecks Interpretation geophysikalischer Lagerstättenforschung**

Z. angew. Geol., Berlin, **23** (1977) 8, S. 402–409, 9 Abb., 33 Lit.

Es wird das äquivalente Modell unendliches Prisma mit dreieckförmigem Schnitt (zweidimensional) zum Zweck seiner Anwendung bei der Interpretation gravimetrischer, magnetischer und aeromagnetischer Lagerstättenforschung dargestellt, und zwar auf der Grundlage der spektralen Analyse und Synthese (frequentielle, harmonische nach FOURIER) der praktischen Meßergebnisse. Es werden ferner die Formeln für die Leistungsspektren dargestellt sowie die Autokorrelationsfunktionen, die sich auf die die Lagerstättenforschung kennzeichnenden geophysikalischen Größen beziehen. Ebenso wird die Praxis der Interpretation gezeigt und dabei folgende wesentlichen Punkte, die mit einer entsprechenden Interpretation verbunden sind, erörtert: Die Auswahl des entsprechenden Modells, die Ableitung der potentiellen Felder, die Bestimmung der geometrischen und physikalischen Parameter, die die geologische Struktur kennzeichnen u. a. Ergänzend werden einige Zahlenbeispiele angeführt, die sich auf die praktische Anwendung beziehen.

HAUPT, M.; HERRMANN, H.

**Die Bedeutung geologisch-geophysikalischer Modelle für die geophysikalische Erkundung unter besonderer Berücksichtigung der im Zechstein zu lösenden Probleme**

Z. angew. Geol., Berlin, **23** (1977) 8, S. 410–417, 8 Abb., 1 Tab.

In diesem Beitrag wird die erfolgreiche kombinierte Anwendung von geophysikalischen und geologischen Untersuchungsmethoden geschildert. Es wird darauf verwiesen, daß die geophysikalischen Eigenschaften des Untergrunds genau festgestellt werden müssen, um auf diese Weise und mit Hilfe von Modellvorstellungen die notwendigen Angaben für eine exakte geologische Interpretation der geophysikalischen Daten zu erhalten.
Der Autor verweist darauf, daß sich das von ihm abgehandelte Verfahren besonders zum Nachweis von Riffen am Zechsteinbeckenrand anwenden läßt.

RÜTGER, G.

**Die Entscheidungsgröße „volkswirtschaftlich vertretbarer Aufwand"**

Z. angew. Geol., Berlin, **23** (1977) 8, S. 417–421, 5 Lit.

Die Unsicherheiten bezüglich der Bestimmung des volkswirtschaftlich vertretbaren Aufwands haben verschiedene Ursachen. Die Hauptursache resultiert dabei aus der Kompliziertheit der Aufgabe selbst. Vorgenommene Analysen zeigen, daß Preis und vvA aus gleichen Bestandteilen bestehen und die Möglichkeit der Gleichsetzung grundsätzlich besteht. Voraussetzung dafür ist eine richtige Widerspiegelung des Aufwands durch den Industriepreis bei einer im gesellschaftlichen Interesse liegenden rationellen Nutzung von Lagerstättenvorräten. Da in einigen Fällen der Preis bewußt abweichend vom Wert festgelegt wurde, besteht die Notwendigkeit zur Ermittlung des vvA. Möglichkeiten seiner Bestimmung werden vorgestellt. Bei den vorgestellten Methoden können noch nicht alle Einflußgrößen erfaßt werden und die Bestimmung des vvA ist deshalb nicht nur mit einer Methode vorzunehmen. Dem Erkenntnisstand entsprechende Veränderungen im Vorschriftenwerk wären erforderlich.

# Zeitschrift für angewandte Geologie 8/77

Herausgegeben vom Zentralen Geologischen Institut Berlin im Auftrag des Ministeriums für Geologie der Deutschen Demokratischen Republik
Verlag: Akademie-Verlag, 108 Berlin, Leipziger Straße 3–4

NÖLDEKE, W.; SCHWAB, G.

**The Tectonic Development of the Platform Cover of the North German-Polish Depression, with Special Respect to the North of the G.D.R.**

Z. angew. Geol., Berlin, **23** (1977) 8, pp. 369–379, 7Figs., 75 Refs.

The structural development of the platform cover in the North German-Polish depression is reviewed, with special respect to palaeotectonic and basin-dynamic aspects. The development between the Upper Stephanian/Autunian and Tertiary took place in four stages, viz activation (early stage, Stephanian – Saxonian I), main depression (Saxonian II – Middle Keuper), differentiation (Upper Keuper – Lower Cretaceous), and stabilization (Upper Cretaceous – Cainozoic). In the last two stages it resulted in an increasing assimilation of the area of depression to the state of stability of the East European platform. This process, which represented itself in reduced rates of sedimentation as an expression of decreasing intensity of depression, is superimposed by a rhythmic-cyclic structure of the lithological succession with a development of four major cycles, whose chronological extent, however, only coincides in part with the stages of development distinguished (Saxonian II – Middle Keuper, Upper Keuper – Wealden/Valanginian, Hauterivian – Maestrichtian/Middle Palaeocene, Upper Palaeocene – Quaternary).

ALEXEJEW, F. A.

**Isotope-Geochemical Studies of the Zoning of Oil and Gas Genesis in the Lithosphere**

Z. angew. Geol., Berlin, **23** (1977) 8, pp. 379–382, 2 Figs., 3 Tables, 10 Refs.

From a more precise consideration of the isotopic composition of carbon in hydrocarbons of various zones of transformation of the organic matter results that a biochemical, transitional and thermocatalytic zone with characteristic isotopic composition can be distinguished of the carbon contained in methane. A scheme of the vertical zoning of oil and gas genesis is presented and shows an upper zone of gas formation (genesis of methane), which contains the biochemical and transitional zone of transformation of the organic matter (0 to 1,800 m) with its characteristic abundance of light carbon isotopes. Below it there follows a zone of oil and gas formation, which conincides with the thermocatalytic zone of transformation of the organic matter (1.8 to 6.0 km). At very great depths (6 to 7 km and more) a zone of thermocatalytic high-temperature gas formation is supposed.

Collective Work

**Metasomatism and Ore Formation**

(Abstracted by W. BEYER)

Z. angew. Geol., Berlin, **23** (1977) 8, pp. 383–385

PREUSS, B.; GINDORF, L.; WINTRICH, H.

**The Method of Microphotometric Studies of Dispersely Distributed Organic Substances for Determining the Degree of Diagenesis of Sediments**

Z. angew. Geol., Berlin, **23** (1977) 8, pp. 385–390, 7 Figs., 52 Refs.

Microphotometrical investigations of the reflectance of dispersed organic substances (abbreviated DIVOS) allow conclusions as to the diagenetic transformations of sediments and oil and gas prospects. The authors discuss the possibilities and limitations of the method to determine the reflectance by photometers equipped with photomultiplier and point to the fact that the examination of the DIVOS in the rocks itself comes out much better than the investigation of those isolated and accumulated by chemical methods. Besides this the reflectance and content of volatile matter of vitrinites from coal seams are compared with those of exinites. Finally the authors propose to confirm the results of microphotometrical reflectance research by other methods and, for this purpose, treat the methods of selective oxidation of kerogen and fluorescence photometry.

RÖSLER, H.-J.; NESTLER, P. et al.

**Studies of the Origin of Carbonates in Basic Rocks by Means of $^{18}O$ and $^{13}C$ Isotope Analyses**

Z. angew. Geol., Berlin, **23** (1977) 8, pp. 390–393, 2 Figs., 1 Table, 19 Refs.

65 carbonate and magmatic rocks of the Palaeozoic of the G.D.R. were analysed for their C and O isotopic composition in the carbonate-$CO_2$. This isotopic analysis makes it possible to estimate semi-quantitatively the magmatic and sedimentary influence on the formation of carbonates.

BLANKENBURG, H.-J.; NOACK, G.; WANEK, I.

**The Relation between the Primary Genesis of Quartzes and the Grain Size of Hohenbocka Quartz Sand**

Z. angew. Geol., Berlin, **23** (1977) 8, pp. 393–395, 3 Figs., 3 Tables, 2 Refs.

The primary genesis of quartzes of the Hohenbocka deposit was determined and correlated with the grain size of the sand, roundness, and surface roughness of the quartz grains. The importance of such investigations for geologic-genetic statements and raw material problems was emphasized.

VOIGT, H.-J.

**Geochemistry of the Trace Elements Bromine, Iodine, Boron, Strontium and Lithium in Mineral Waters of the North of the G.D.R.**

Z. angew. Geol., Berlin, **23** (1977) 8, pp. 395–402, 9 Figs., 13 Refs.

The regional distribution of the trace elements bromine, iodine, boron, strontium and lithium in mineral waters of the north of the G.D.R., as well as the statistical evaluation of their correlations with other stratum water components show that the enrichment of bromine in the waters is very closely connected with the formation of the macrochemism of the solution, whereas the behaviour of the other trace elements in ground waters cannot immediately be attributed to this process. Iodine and boron show a correlative bond with the organic substance in the surrounding rock. The enrichment of strontium in mineralized ground waters, in addition to lithological-facial conditions, is controlled by the content of sulphate of the waters.

MILCOVEANU, D.

**Spectral Analysis and Synthesis of the Equivalent Model of Horizontal Infinite Prism with Triangular Intersection for Interpreting the Geophysical Exploration of Deposits**

Z. angew. Geol., Berlin, **23** (1977) 8, pp. 402–409, 9 Figs., 33 Refs.

The equivalent model of infinite prism with triangular (two-dimensional) intersection is presented in view of its application to the interpretation of gravimetric, magnetic and aeromagnetic exploration of deposits, when based on the spectral analysis and synthesis (frequential, harmonic according to FOURIER) of practical results of measurement. Moreover, formulae are presented for the power spectra, as are autocorrelation functions referring to geophysical quantities by which the exploration of deposits is characterized. The practice of interpretation is also shown and essential points connected with a corresponding interpretation are discussed as follows: choice of the corresponding model, derivation of potential fields, determination of the geometrical and physical parameters characterizing the geological structure, etc. To complete, some numerical examples are given and refer to practical applications.

HAUPT, M.; HERRMANN, H.

**The Importance of Geological-Geophysical Models to Geophysical Exploration, with Special Respect to Problems to Be Solved in the Zechstein (Upper Permian)**

Z. angew. Geol., Berlin, **23** (1977) 8, pp. 410–417, 8 Figs., 1 Table

In a description of the successful combined application of geophysical and geological methods of investigation is emphasized that the geophysical properties of the basement must exactly be stated to be able to obtain in this way and by means of model representations those informations necessary for an exact geological interpretation of geophysical data.
The author emphasizes that the method described is particularly suited for demonstrating reefs at the margin of the Zechstein basin.

RÜTGER, G.

**The Decision Quantity of Expenses Justifiable from an Economic Point of View**

Z. angew. Geol., Berlin, **23** (1977) 8, pp. 417–421, 5 Refs.

There are various causes underlying uncertainties observable on a determination of expenses justifiable from an economic point of view, of which the main cause results from the complexity of the problem itself. Analyses show that the price and expenses consist of equal components, and that it is possible to treat them as equivalent, on the assumption that expenses are properly reflected by the industrial price for a rational utilization of deposit reserves being in a social interest. Since in some cases the price has deliberately been fixed in a different way from the value, expenses justifiable from an economic point of view must necessarily be determined. The methods presented do not yet include all influences, which means that such expenses cannot only be determined by a method alone. In accordance with the present-day state of knowledge instructions must be subjected to modifications.

ZEITSCHRIFT FÜR ANGEWANDTE GEOLOGIE

Träger der Ehrennadel in Gold
der Gesellschaft für Deutsch-Sowjetische Freundschaft

BAND 23 · AUGUST 1977 · HEFT 8

# Zur tektonischen Entwicklung des Tafeldeckgebirges der Norddeutsch-Polnischen Senke unter besonderer Berücksichtigung des Nordteils der DDR

NÖLDEKE, W.; SCHWAB, G., Berlin

(Unter Mitarbeit von DIENER, I.; LOTSCH, D.; MUSSTOW, R.; RADZINSKI, K.-H.)

## 1. Das Deckgebirge der Norddeutsch-Polnischen Senke — Ergebnis eines einheitlichen Entwicklungsprozesses (Überblick)

Die Norddeutsch-Polnische Senke bildet den zentralen Teil der im Vorfeld des SW-Rands der Osteuropäischen Tafel liegenden Mitteleuropäischen Senke, zu der außerdem die Dänisch-Polnische Senke mit der Dänischen und Mittelpolnischen Senke als eigentliche SW-Randsenke der Tafel sowie die südliche Nordseesenke gehören (Abb. 1). Diese Senken weisen generell eine auf Anpassung an den Stabilitätszustand der Tafel gerichtete Entwicklung auf. Jedoch führten regionale Besonderheiten zu einem im einzelnen unterschiedlichen Stabilitätsgrad der Senken.
Als der für die tektonische Entwicklung des Nordteils der DDR wesentlichen Struktureinheit wird im folgenden besonders auf die Norddeutsch-Polnische Senke eingegangen und ihre Entwicklung mit derjenigen der Dänisch-Polnischen Senke verglichen. Die Norddeutsch-Polnische Senke entwickelte sich über einem während der variszischen Faltungsära unterschiedlich stark überprägten Untergrund (KÖLBEL 1967, GLUSCHKO u. a. 1974) im Grenzbereich zwischen variszischer Mobilzone und Osteuropäischem Kraton. Die Dänisch-Polnische Senke entstand über dem unmittelbaren südwestlichen Randbereich der Osteuropäischen Tafel, der sich während des ganzen Phanerozoikums durch eine erhöhte Mobilität auszeichnete (MAREK & ZNOSKO 1972, TESCHKE 1975).
In Abhängigkeit vom Konsolidierungsgrad des Untergrunds setzte das Deckgebirge in der Norddeutsch-Polnischen Senke nach einem tektonischen Hiatus (asturische Bewegungen) im höheren Stefan bzw. Autun ein. Im Bereich der Dänisch-Polnischen Senke kann darunter noch ein postkaledonisches Deckgebirge ausgeschieden werden (Abb. 2). Seine mit Unterdevon in Old-Red-Fazies beginnende Sedimentation wurde nach TESCHKE (1975) weitgehend durch Differentialbewegungen mehr oder weniger selbständiger tektonischer Schollen bestimmt, die ein in eine Vielzahl von Teilschollen zerbrochenes, aber nicht gefaltetes variszisches Teilstockwerk bildeten. Beispiele für die lithologische bzw. paläotektonische Ausbildung dieses Teilstockwerks im nördlichsten Teil der DDR (Inseln Rügen und Hiddensee) haben für das Unterkarbon HOFFMANN u. a. (1975) und für das Oberkarbon HIRSCHMANN u. a. (1975) gegeben.
Im Aufbau des postvariszischen Deckgebirges der Norddeutsch-Polnischen Senke werden eine Anzahl historischer Teilstockwerke (im Sinne von JUBITZ 1970) ausgeschieden. Sie repräsentieren die zeitlichen Etappen der Deckgebirgsentwicklung:

| | |
|---|---|
| mittleres/oberes Alb/Cenoman-Quartär<br>Oberer Keuper — Abt/Unteralb | (= höheres Tafeldeckgebirge) |
| Saxon II — Mittlerer Keuper | (= tieferes Tafeldeckgebirge) |
| höheres Stefan — Saxon I | (= Molassestockwerk) |

(Zur weiteren Untergliederung der Teilstockwerke vgl. SCHWAB u. a. 1971, 1973, BEUTLER u. a. 1975).
Im Gegensatz zu den bisher auf die Analyse einzelner stratigraphischer Abschnitte oder historischer Teilstockwerke gerichteter Untersuchungen orientiert dieser Beitrag auf eine stärker synoptische Betrachtungsweise. Es wird die Entwicklung der mehrere 1000 m mächtigen Schichtenfolge des Deckgebirges als einheitlicher Prozeß betrachtet. Dabei wird davon ausgegangen, daß die formationelle Abfolge Etappen eines Bildungsprozesses widerspiegeln, die Anlage und Abfolge einer Reihe von Entwicklungsstadien eines Sedimentationsbeckens umfassen. In ihnen prägen sich die Wechselwirkungen zwischen Absenkungsvorgängen während der Beckenbildung und überregional wirkenden Impulsen des Krustengeschehens aus.
Während des Frühstadiums der Beckenentwicklung im höheren Stefan bis Saxon I (Abb. 3) vollzog sich der Umbau von der variszischen Geosynklinal- (Tektogen-) Struktur des Untergrunds zur Frühanlage der postvariszischen Senkenstruktur.
Mit der Sedimentation des Saxons I, die im Senkungsgebiet eine vom Autun abweichende paläogeographische und oft auch abweichende tektonische Entwicklung nimmt (KATZUNG 1975), begann die Herausbildung der Deckengebirgssenke mit kleineren trogförmigen Senkungsstrukturen. Diesem Stadium schloß sich, beginnend mit dem Saxon II, eine großräumige Senkung an (Hauptabsenkungsstadium), die bis in die Obere Trias andauerte. Zu dieser Zeit war die Formierung des eigentlichen Sedimentationsbeckens abgeschlossen. In den folgenden Stadien — Differenzierungsstadium und Stabilisierungsstadium — erfolgte einerseits die Aufgliederung in Teilsenken und -schwellen mit eigenständiger Entwicklung und ihre weitere Zerlegung in ein tektonisches Schollenfeld und andererseits — verbunden mit tektonischen Inversionen — die Angleichung des Senkungsraums an den tektonischen Stabilitätszustand der Osteuropäischen Tafel (Kratonisierung). Der Entwicklungsgang der Norddeutsch-Polnischen Senke drückt sich in den Änderungen der Mächtigkeiten, der paläogeographischen Konfiguration, in der stratigraphischen Voll- und Unvollständigkeit und in der lithofaziellen Ausbildung der Schichtenfolge aus. Die sich in den Sedimentationsraten abzeichnende gerichtete Beckenentwicklung wurde durch einen rhythmisch-zyklischen Aufbau der lithologischen Abfolge überlagert. Er spiegelt sich in epirogenetischen Zyklen wider, auf die zuerst von BUBNOFF (1959) hingewiesen hat. Vom Saxon bis zum Känozoikum sind vier

Eingang des Manuskripts in der Redaktion: 5. 7. 1976.
Vortrag, gehalten auf der 22. Jahrestagung der Gesellsch. f. Geol. Wissensch. d. DDR am 26. 9. 75 in Dresden, zugleich Beitrag zum IGCP-Projekt Nr. 86: „SW-Randzone der Osteuropäischen Tafel".

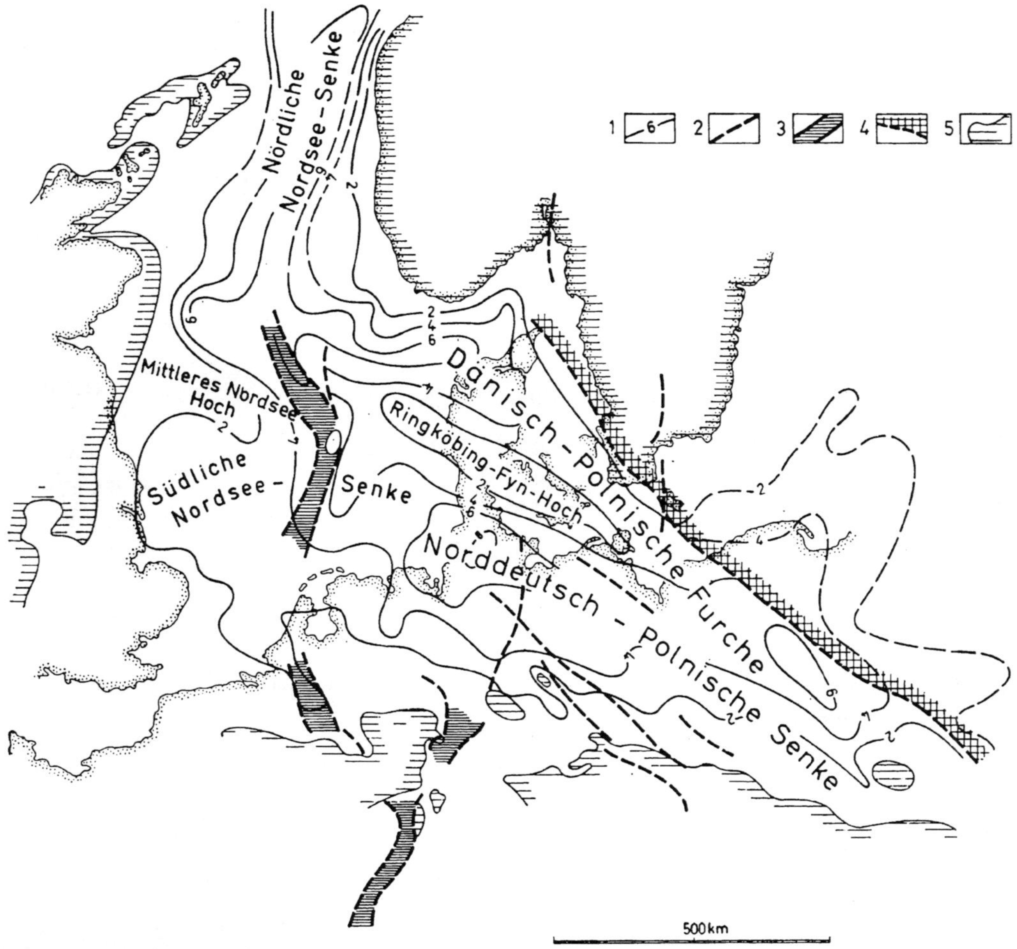


Abb. 1. Mitteleuropäische Senke. Mächtigkeiten des postvariszischen Deckgebirges (Unterperm — Känozoikum)

1 — Mächtigkeiten in km; 2 — Störungen; 3 — Westeuropäisches Grabensystem; 4 — SW-Rand der Osteuropäischen Tafel; 5 — Ausstrich des gefalteten bzw. kristallinen Grundgebirges

derartige Zyklen ausgebildet, deren zeitlicher Umfang sich nur z. T. mit den ausgeschiedenen Entwicklungsstadien deckt:

Oberpaläozän — Quartär;
Hauterive — Maastricht/Mittelpaläozän;
Oberer Keuper — Wealden/Valangin;
Saxon II — Mittlerer Keuper.

Die folgende Charakterisierung der einzelnen Entwicklungsstadien wird an Schemata dargestellt, die aus lithologisch-paläogeographischen und paläotektonischen Karten für Stufen und Abteilungen der jungpaläozoisch-mesozoisch-känozoischen Schichtenfolge abgeleitet wurden (Abb. 4—7). An ihrer Zusammenstellung waren zahlreiche Mitarbeiter des Zentralen Geologischen Instituts Berlin und anderer geologischer Institutionen der DDR beteiligt.[1])

## 2. Frühstadium (Stefan bis Saxon I)

Die sich im Frühstadium der Beckenentwicklung vollziehenden Prozesse im Raum der Norddeutsch-Polnischen Senke drücken sich besonders in einem Übergang der subvariszischen Randsenkensedimentation des Oberkarbons zur Sedimentation der posttektogenetischen (bezogen auf die asturische Faltung) Rotmolasse des höheren Stefan-Autun-Saxons aus. Die in dieser Zeit gebildeten terrigenen Rotsedimente liegen mit scharfer Begrenzung über dem asturisch gefalteten Untergrund, sowohl im Bereich des eigentlichen variszischen Morphogens als auch im Bereich der ehemaligen subvariszischen Randsenke. Ihre Ablagerungsräume sind strukturgebunden. Teils folgen sie noch den alten variszischen Richtungen, d. h. bevorzugt NE—SW im westelbischen Teil des Morphogens und seines Vorlands und bevorzugt NW—SE im ostelbischen Raum, hier bereits unter dem Einfluß des SW-Randes des Osteuropäischen Kratons. Teils streichen sie meridional, besonders im unmittelbaren Wirkungsfeld des Rheinischen Großlineaments (RICHTER-BERNBURG 1974a).

Eine besondere Bedeutung für die paläodynamische Situation während des Unterperms kam dem subsequenten Vulkanismus zu. Magmengenetisch ist er der variszischen Tektogenese zuzuordnen. Sein Extrusionsmechanismus war jedoch ebenso wie die von ihm benutzten Aufstiegswege durch den neuen Kräfteplan und damit vor allem durch NW—SE und N—S gerichtete Störungszonen bestimmt (EIGENFELD & SCHWAB 1974, BENEK u. a. 1977). Die Hauptförderperiode lag im Autun, das nach KATZUNG (1972) in seiner Gesamtheit als sedimentarme bis sedimentfreie Eruptivserie ausgebildet ist. Es wird durch geringmächtige terrigene Sedimente unterlagert (Süplinger Schichten nach PAECH 1969), mit denen z. B. im Bereich der Flechtinger Scholle die Deckgebirgsentwicklung begann (BENEK & PAECH 1974).

Die großen, z. T. über 2000 m erreichenden Mächtigkeiten der subsequenten Vulkanite im „periorogenen" Bildungsraum (BUSCH & KIRJUCHIN 1972, EIGENFELD & SCHWAB 1974) wurden nach KATZUNG (1972) durch die Absenkung

[1]) Ein detaillierter Beitrag erscheint im Jahrbuch für Geologie, Bd. 11 (1975).

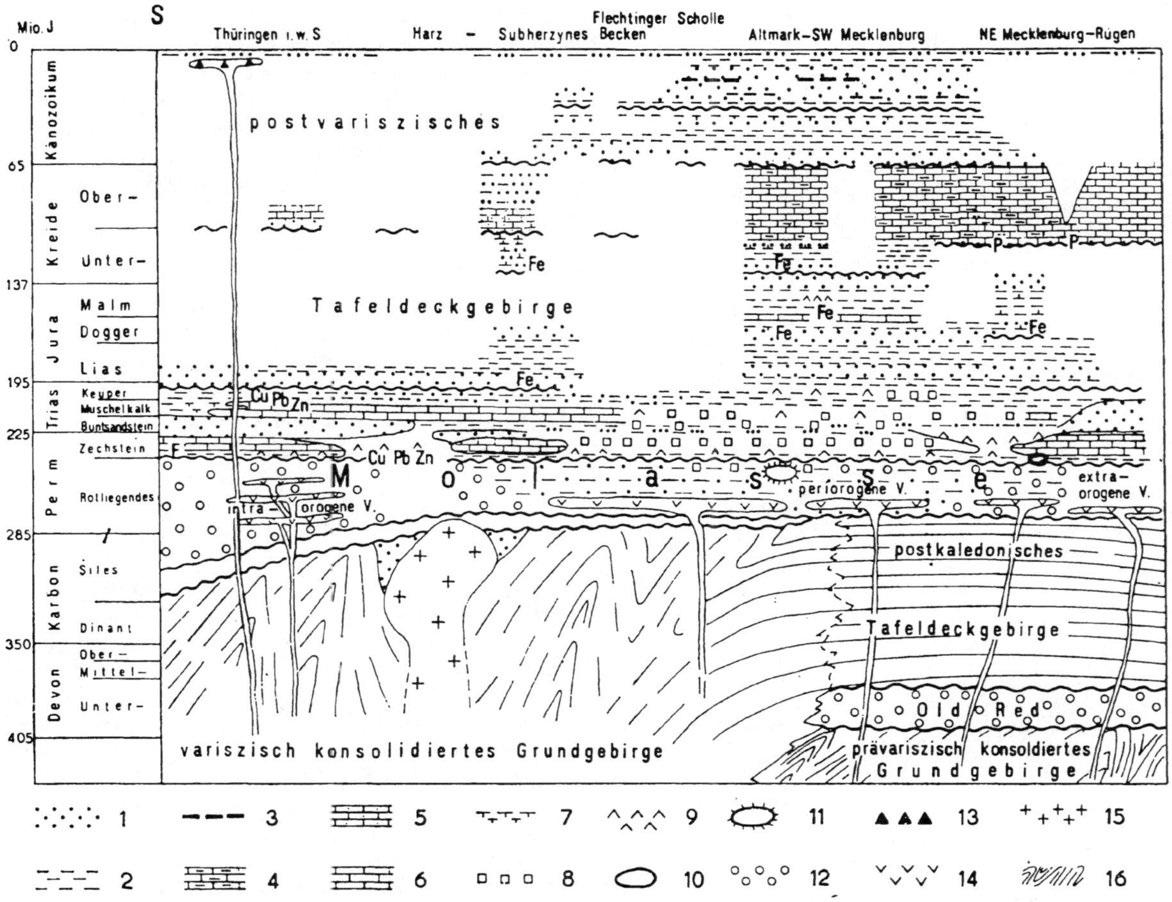


Abb. 2. Schematische Stockwerksgliederung der Norddeutsch-Polnischen Senke für das Gebiet der DDR unter besonderer Berücksichtigung des Tafeldeckgebirges (zusammengestellt von W. NÖLDEKE, K.-B. JUBITZ, G. RÖLLIG und G. SCHWAB)

1 – Sandstein, 2 – Schluffstein und Tonstein, 3 – Braunkohle, 4 – Kalkmergelstein, 5 – sandiger Kalkmergelstein, 6 – Kalkstein und Dolomit, 7 – Tonmergelstein, 8 – Halit, 9 – Anhydrit, 10 – Erdölvorkommen, 11 – Erdgasvorkommen, 12 – Konglomerate, 13 – Vulkanite des Tafelstadiums, 14 – variszisch-subsequente Vulkanite, 15 – variszisch-postkinematische Plutonite, 16 – Grundgebirge

des präpermischen Untergrunds weitgehend kompensiert. Die Absenkung ist z. T. auf einen vulkanotektonischen Raumausgleich, z. T. aber auch auf Senkungsbewegungen im Bereich tektonischer Störungszonen zurückzuführen, in deren Verlauf die vulkanischen Einbruchsstrukturen entstanden (BENEK u. a. 1977).

Von TESCHKE & SCHWAB (1977) wurde darauf hingewiesen, daß die tektonischen Bedingungen bei der Anlage der tektonischen Strukturen des Unterperms etwa denjenigen entsprechen, die RUDKEVIČ u. a. (1970), SOBOLEWSKAJA (1973) und andere sowjetische Autoren für die sogenannte Taphrogenetappe der variszischen Morphogenentwicklung annehmen. Diese Etappe begann nach Abschluß der Geosynklinalfaltung, d. h. zu einer Zeit, als das variszische Tektogen bereits als konsolidierte Fundamentstruktur reagierte. Die für diese Etappe charakteristischen grabenartigen, engbegrenzten Beckenstrukturen (taphrogene Senken) entstanden als Ergebnis einer großräumigen Ausweitung im Gefolge vertikaler Krustenbewegungen, die sowohl das Morphogen als auch dessen Vorland betrafen.

Die Entwicklung des Stefan-Autuns im Bereich der Norddeutsch-Polnischen Senke endete nach KATZUNG (1975) mit einer Schichtlücke als Ausdruck der erneuten Änderung des tektonischen Regimes. Das Saxon I nahm eine vom Autun paläogeographisch und auch tektonisch abweichende Position ein. Die sich neu abzeichnende Mächtigkeitsverteilung resultierte nach KATZUNG sowohl aus Reliefunterschieden der alten Vulkanitoberfläche als auch aus der Absenkung trogförmiger Beckenstrukturen, die E—W bis NW—SE streichen (Unterelbe-Trog, Mittelpolnischer bzw. Kujawischer Trog). Sie wurden damit zu den eigentlichen initialen Senkungsstrukturen der beiden großen Tafelsyneklisen der Mitteleuropäischen Senke: der Norddeutsch-Polnischen Senke und der Dänisch-Polnischen Senke.

## 3. Hauptabsenkungsstadium (Saxon II bis Keuper)

Mit der Sedimentation des Saxons II begann eine allseitige Ausweitung des Sedimentationsgebiets, die mit einer intensiven Absenkung verbunden war. Im nördlichen Vorland des variszischen Tektogens — und auf das äußere Variszikum übergreifend — bildete sich das große Mitteleuropäische Saxonbecken, das in flachherzynischer Richtung von den Britischen Inseln bis in die VR Polen reichte. Lithologisch-faziell werden die Rotsedimente des Saxons II (HELMUTH 1968, LÜTZNER 1975a) als Außenmolasse zur variszischen Spätmolasse gestellt. Sie sind besonders durch ihre über große Entfernung korrelierbaren Sedimentationszyklen (LÜTZNER 1975b) ausgezeichnet. Dieser Sedimentationstyp, der zuerst in der dem variszischen Morphogen vorgelagerten Senkungszone entwickelt ist, griff

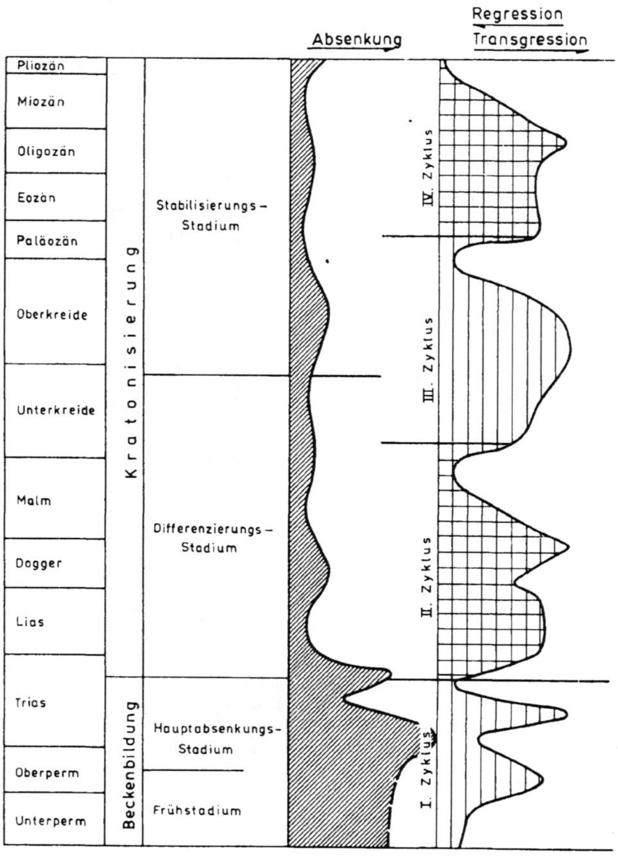


Abb. 3. Schema der Entwicklungsstadien der Norddeutsch-Polnischen Senke (Absenkungsintensitäten, epirogenetische Zyklen)

während des frühen Hauptabsenkungsstadiums im Saxon II bis Zechstein I allmählich von N nach S auf den variszischen Morphogenbau über (LÜTZNER u. a. 1977, LUDWIG 1977). Das zu dieser Zeit bereits weitgehend denudierte Morphogen wurde damit kontinuierlich in das tektonische Tafelregime der Senke einbezogen. Beherrschende Elemente stellten die zentrale Norddeutsch-Polnische Senke und die östliche Mittelpolnische Senke (als Teil der späteren Dänisch-Polnischen Senke) dar. Sie blieben für die Entwicklung während des Hauptabsenkungsstadiums bestimmend. Der Nordrand der Senken verlief im wesentlichen geradlinig vom Südrand des Ringköbing-Fyn-Hochs in herzynischer Richtung nach SE. Den Südrand untergliederten dagegen weit in das Variszikum eingreifende Ausbuchtungen. Sie waren im Westabschnitt in Abhängigkeit vom tektonischen Bau des variszischen Untergrunds rheinisch (Emssenke, Wesersenke, Havelsenke) orientiert. Im Ostabschnitt zeigten sie die für die Mittelpolnische Senke charakteristische und durch den SW-Rand der Osteuropäischen Tafel beeinflußte NW—SE-Richtung (Neiße-Bober-Senke, Oder-Senke nach KATZUNG 1972 und WIENHOLZ 1967). Mit der beträchtlichen Ausdehnung des Sedimentationsraums durch die Transgression des Zechsteinmeers, insbesondere über das Variszikum im S, wurden die Senken in das großräumige Sedimentationsgebiet mit einbezogen, so daß die trennenden Schwellen im Verlauf der weiteren Entwicklung teilweise als senkeninterne strukturelle Elemente wirksam wurden (Eichsfeld-Altmark-Schwelle).

### Der zentrale Teil der Norddeutsch-Polnischen Senke

(Unterelbe-Trog) bestand bis zur Mittleren Trias (Holstein-Mecklenburg-Nordbrandenburg-Senke der Unteren und Mittleren Trias nach NÖLDEKE u. a. 1975). Als Erläuterung dient Abb. 4. In der Oberen Trias zerfiel er in zwei Teilsenken, die nicht scharf voneinander abgegrenzt waren, sich jedoch durch Mächtigkeitsmaxima und salinare Abfolgen im Mittleren Keuper hervorheben (Abb. 5). Gleichzeitig mit der Aufgliederung verlagerten sich die Mächtigkeitsmaxima gegenüber der Unteren Trias nach S, etwa in den Kreuzungsbereich mit den rheinisch streichenden Senken (Hessische bzw. Thüringen-Westbrandenburg-Senke) (RUSITZKA & DOCKTER 1975/76).

Die im Saxon angelegten Schwellen und Senken traten auch während der Trias als paläogeographische Elemente im Südteil der Senke deutlich hervor (Abb. 4). Dabei waren die Schwellen nur am Ende einzelner Absenkungsetappen, die mit einer Auffüllung der Senken verbunden waren, stärker ausgeprägt. Mit Beginn der folgenden Absenkungsetappe wurden sie wieder in das allgemeine Sedimentationsniveau einbezogen, wie die Transgressionen im Topbereich der Schwellen nachweisen.

Die Eichsfeld-Altmark-Schwelle ist durch die Auflagerung des höheren Saxons und Zechsteins (KATZUNG 1972), der Solling-Folge (RADZINSKI & PUFF 1973/74) und der Steinmergelkeuper-Folge (KOOTZ & SCHUMACHER 1967, RUSITZKA & DOCKTER 1975/76) auf ältere Schichten im Topbereich am eindeutigsten belegt. Die Ostbrandenburgschwelle war nur schwach entwickelt und ist durch das Übergreifen von höherem Saxon (KATZUNG 1975/76), geringe Schichtlücken im oberen Abschnitt der Hardegsen-Folge, wahrscheinlich auch durch Schichtreduzierungen in der Detfurthfolge sowie durch Mächtigkeitsreduzierungen in der Unteren und Oberen Trias (RADZINSKI & PUFF 1973/74, RUSITZKA & DOCKTER 1975/76) erkennbar. Die am Nordrand der Senke gelegene Rügenschwelle tritt durch die Transgression von Röt bis auf Ordovizium und Schichtlücken unter dem Steinmergelkeuper (RUSITZKA & DOCKTER 1975/76, BEUTLER 1973) hervor. Die Fortsetzung dieser Schwelle nach SE läßt sich sowohl aus der Mächtigkeitsverteilung als auch aus dem Streichen der Achsen ableiten.

Lithologisch zeichneten sich die Schwellen nur teilweise ab. Für den Zechstein wird die paläotektonische Wirksamkeit der Eichsfeld-Altmark-Schwelle durch die Verbreitung des Algendolomits sowie durch turbiditische Sedimentationsbedingungen im Werra-Anhydrit (MEIER

Abb. 4. Hauptstrukturen im Ostteil der Mitteleuropäischen Senke während des Buntsandsteins (nach RADZINSKI & PUFF 1969)

1 – primäre Verbreitungsgrenze (vermutet); 2 – primäre regionale Mächtigkeitslinien; 3 – Achse der Hauptabsenkung mit Angabe der größten Mächtigkeit; 4 – Verbreitung des Rötsalinars; 5 – Verbreitung von Schichtlücken unter der Solling-Folge (Auswahl)
Holst.-Mecklbg. – N-Brdbg.-Senke = Holstein-Mecklenburg-Nordbrandenburg-Senke; E-Brdg.-Schw. = Ostbrandenburg-Schwelle; Thür.-Westbrdbg.-Senke = Thüringen – Westbrandenburg-Senke; Nied.laus.-S = Niederlausitzer Senke

Abb. 5. Hauptstrukturen im Ostteil der Mitteleuropäischen Senke während des Keupers (nach KÖLBEL & RUSITZKA (+) 1969)

1 – primäre Verbreitungsgrenze (vermutet); 2 – primäre, regionale Mächtigkeitslinien; 3 – Achse der Hauptabsenkung mit Angabe der größten Mächtigkeiten; 4 – Verbreitung von Schichtlücken unter der Dolomitmergelkeuperfolge
Dän.-Senke = Dänische Senke; Mecklbg.-N.-Brdbg.-Senke = Mecklenburg-Nordbrandenburg-Senke; Thür.-W.-Brdbg.-Senke = Thüringen-Westbrandenburg-Senke; Ost-Brdbg.-Schwelle = Ostbrandenburg-Schwelle

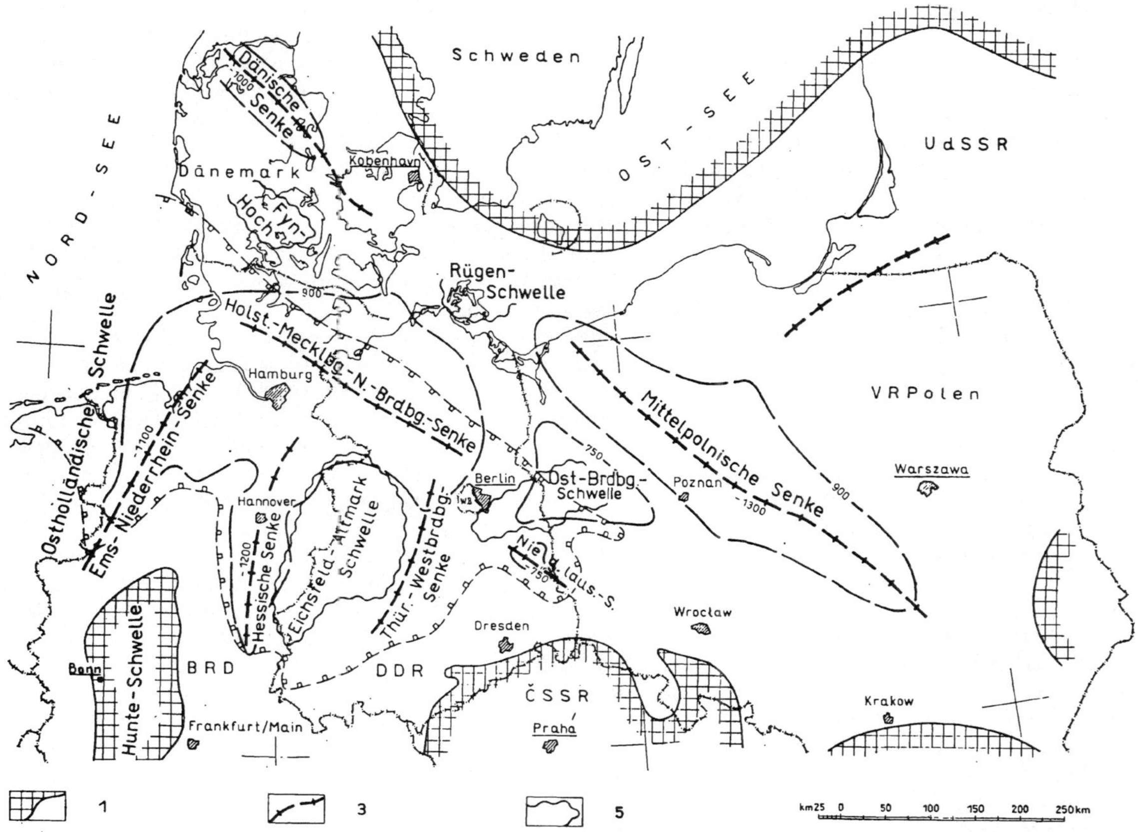


Buntsandstein

(nach K.-H. Radzinski & P. Puff, 1969)

Abb. 4.

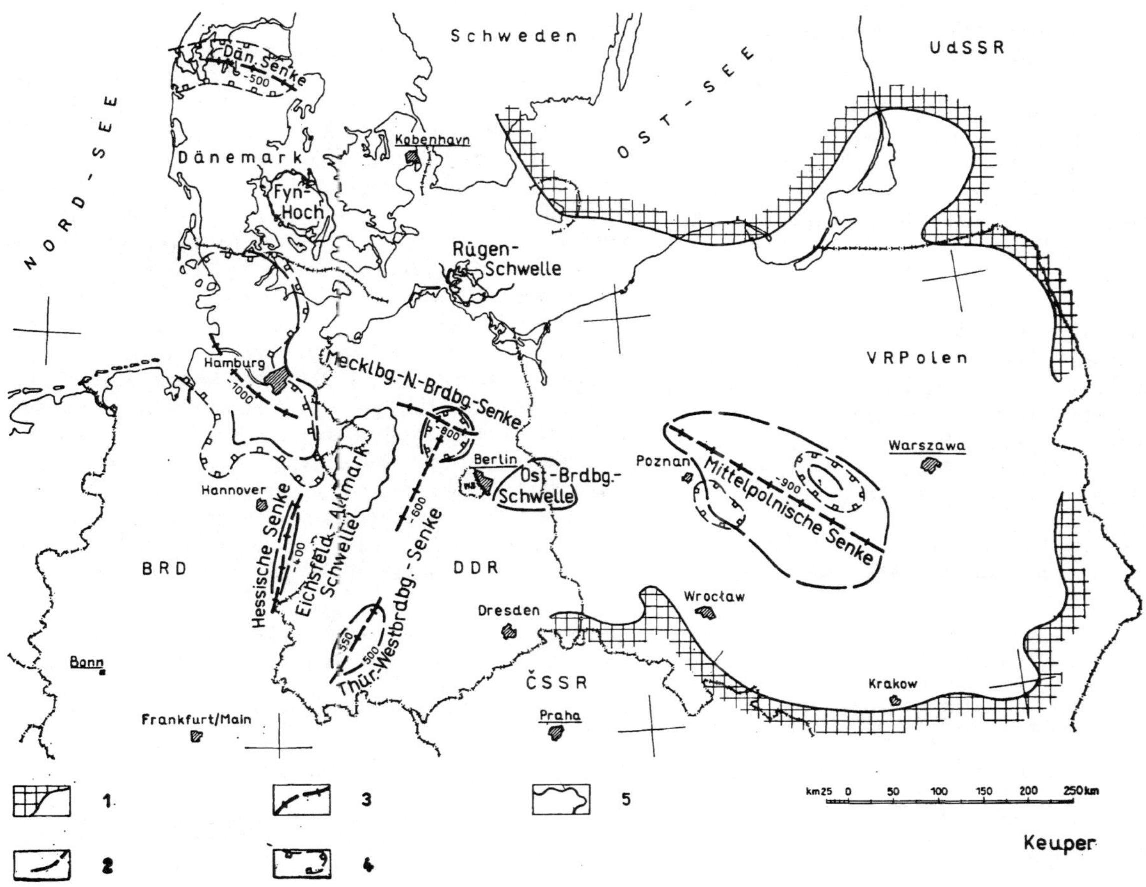


Keuper

Abb. 5.

1975) belegt. Die Häufung von Rogensteinen im Unteren Buntsandstein (RADZINSKI & PUFF 1973/74) und die fazielle Differenzierung der Terebratelzone des Unteren Muschelkalks (KOLB 1975) können ebenfalls als Hinweise für eine allerdings nur geringe Ausprägung dieser Schwelle zu diesen Zeiten angesehen werden. Generell sind Nord- und Südflanke der Norddeutsch-Polnischen Senke durch Isopachenverlauf und lithologische Faziesdifferenzierung deutlich markiert (Halitverbreitung des Röts und Muschelkalks JUBITZ u. a. 1969, Karbonatwälle des Staßfurtkarbonats ROST 1975).

Die paläotektonische Entwicklung der Mittelpolnischen Senke weist gegenüber der Norddeutsch-Polnischen Senke wesentliche Unterschiede auf. Ihre eigentliche Absenkung begann erst im Oberperm und reichte bis in den höheren Jura (DADLEZ 1967, DADLEZ & MAREK 1969). Unter der stabilisierenden Wirkung des SW-Rands der Osteuropäischen Tafel blieben Lage und Richtung des Hauptabsenkungsgebiets während der ganzen Zeit erhalten.

Die Mächtigkeiten vom Saxon bis zur Trias mit ca. 4500 m in der Norddeutsch-Polnischen Senke und ca. 3500 m in der Mittelpolnischen Senke belegen die hohe Mobilität der Senken. Setzt man einen Ausgleich zwischen Sedimentation und Absenkung (weitgehende Auffüllung der Senken) voraus, das muß auf Grund der lithofaziellen Ausbildung der Sedimente angenähert der Fall gewesen sein, so stellen die durchschnittlichen Sedimentationsraten in m/Mill. Jahren einen Maßstab für die vergleichende Analyse der Mobilität der verschiedenen Teilsenken und der einzelnen Etappen dar (SCHWAB u. a. 1974).[2]) Im Saxon wurden Sedimentationsraten von 80 m/Mill. Jahren, in der Unteren Trias von 130 und in der Oberen Trias wieder von 80 m/Mill. Jahren erreicht. Die Mittlere Trias weist mit 40 m/Mill. Jahren die geringste Sedimentationsrate aus. Angaben für den Oberperm sind auf Grund der Problematik der Rekonstruktion primärer Mächtigkeiten für den halokinetisch gestörten Zechstein schwierig zu ermitteln. Bei einer durchschnittlichen Mächtigkeit von 1200 m würde sich ein mittlerer Wert von 80 m/Mill. Jahren ergeben, der recht gut den übrigen Sedimentationsraten entspricht. Dieser Wert setzt sich jedoch mehrmals bei den anderen stratigraphischen Bereichen aus Zeiten relativ beschleunigter (Salz-) und verlangsamter (Anhydrit-, Dolomit-) Sedimentation zusammen (v. HOYNINGEN-HUENE 1967).

Sedimentation und Absenkung erfolgten nicht kontinuierlich sondern episodisch, wie die rhythmisch-zyklische Feingliederung der Schichtenfolge erkennen läßt. Bekannt sind die auf Sedimentationszyklen beruhenden lithostratigraphischen Untergliederungen des Oberperms und der Germanischen Trias Mitteleuropas (BOIGK 1961, v. HOYNINGEN-HUENE 1967, HESEMANN 1971, RICHTER-BERNBURG 1974b, RUSITZKA 1967, RUSITZKA & JUBITZ 1968, WILL 1967, WOLBURG 1968). Sie spiegeln die rhythmische Episodizität der epirogenetischen Oszillationen stofflich wider. Dieser Feingliederung ist ein epirogenetischer Großzyklus übergeordnet, der zeitlich dem Hauptabsenkungsstadium entspricht. Er weist transgressive Tendenzen im Perm und in der Unteren Trias und regressive Tendenzen in der Oberen Trias auf. Die regressiven Tendenzen verstärkten die Wirksamkeit der altkimmerischen Vorgänge, die sich nach BEUTLER (1973, 1975) in Schichtlücken auf den Schwellen sowie an den Beckenrändern durch Rückverlagerung der primären Verbreitungsgrenzen äußerten.

Neben den Rotsedimenten des Saxons und der Unteren Trias sind für das Hauptabsenkungsstadium Salinarabfolgen charakteristisch. Sie wurden sowohl zur Zeit der maximalen Absenkung (Saxon, Zechstein, Oberer Buntsandstein) als auch am Ende des Hauptabsenkungsstadiums (Muschelkalk, Mittlerer Keuper), d. h. zum Zeitpunkt der Auffüllung des Sedimentationsraums abgelagert. Der Wechsel von Rotsedimenten zu Evaporiten vollzog sich gesetzmäßig und ist charakteristisch für eine weitgehend durch terrigene Sedimentation kompensierte Absenkung (MEIER 1975b). Der größte Teil der in der Norddeutsch-Polnischen Senke gebildeten Salinare ist auf das Hauptabsenkungsstadium konzentriert. Seine Bildung fiel in eine Phase zunehmender Beckenausdehnung, in der ein kontinentaler Sedimentationsraum in einen marinen Raum mit begrenzter Verbindung zum offenen Meer umgewandelt wurde. Im Gegensatz zu diesen Salinaren (Saxon bis Oberer Buntsandstein) erfolgte die Bildung der Evaporite und der Mittleren und Oberen Trias sowie im Malm unter überwiegend regressiven Bedingungen in Restsenken eines aufgefüllten Sedimentationsbeckens.

### 4. Differenzierungsstadium (Jura bis Unterkreide)

Während des nachfolgenden Stadiums veränderte sich das großregionale strukturelle Bild der Norddeutsch-Polnischen Senke grundlegend. Es kam zur Ausbildung mehrerer tektonisch-bedingter Absenkungszentren in meridionaler bzw. NW—SE-Richtung, die eine Reaktivierung tiefer Bruchzonen belegen (NÖLDEKE 1975/76). Gleichfalls verringerten sich die großregionalen Absenkungsintensitäten bzw. Sedimentationsraten. Dieses Entwicklungsstadium fiel zeitlich mit der Bildung des zentralen Nordseegrabens als ozeanparallele Riftstruktur (ZIEGLER 1975) zusammen. Die Sedimentation des Differenzierungsstadiums vollzog sich hauptsächlich in engebegrenzten und langgestreckten Trögen („Juratröge“ nach BRAND & HOFFMANN 1963), die gegenüber den Hochgebieten durch hohe Mächtigkeiten und stratigraphisch vollständigere Schichtenfolgen gekennzeichnet sind. Durch diese Tröge wurde das ehemalige Senkenzentrum weitgehend aufgegliedert. Zu Beginn des Stadiums (Lias und Dogger) zeichneten sie am Südrand der Norddeutsch-Polnischen Senke noch die während des Hauptabsenkungsstadiums gebildeten Teilsenken ab

[2]) Auf das Problem der Rekonstruktion primärer Mächtigkeiten (ROLL 1974) wird in diesem Zusammenhang nicht eingegangen.

Abb. 6. Hauptstrukturen im Ostteil der Mitteleuropäischen Senke während des Lias und Dogger (nach KÖLBEL, NÖLDEKE & TESSIN 1969)

1 — primäre Verbreitungsgrenze (vermutet); 2 — primäre, regionale Mächtigkeitslinien; 3 — Achse der Hauptabsenkung mit Angabe der größten Mächtigkeiten
Niedersächs.-Becken = Niedersächsisches Becken; Prign.-Altm.-S. = Prignitz-Altmark-Senke

Abb. 7. Hauptstrukturen im Ostteil der Mitteleuropäischen Senke während Unterkreide und Malm (nach DIENER, KÖLBEL & BACH 1969)

1 — primäre Verbreitungsgrenze der Unterkreide; 2 — primäre, regionale Mächtigkeitslinien der Unterkreide; 3 — Achse der Hauptabsenkung mit Angabe der größten Mächtigkeiten; 4 — Verbreitung von Steinsalz im Obermalm; 5 — primäre, regionale Mächtigkeitslinien des Malm in der Mittelpolnischen Senke; 6 — Achse der Hauptabsenkung im Malm der Mittelpolnischen Senke
Nied.-Sächs.-Becken = Niedersächsisches Becken; Dän.-Senke = Dänische Senke; Prign.-Altm.-S. = Prignitz-Altmark-Senke

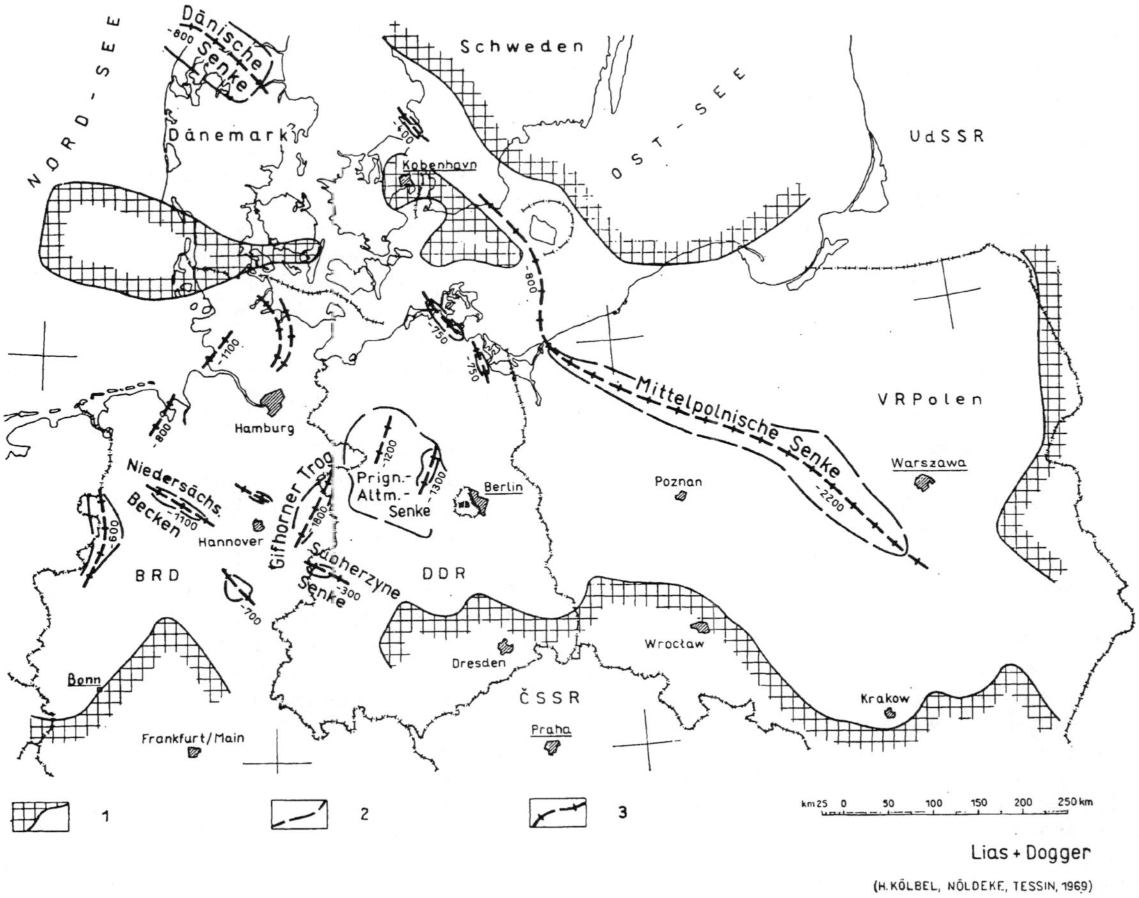
Dänische Senke
NORD-SEE
Schweden
Dänemark
København
OST-SEE
UdSSR
Mittelpolnische Senke
VR Polen
Warszawa
Hamburg
Niedersächs. Becken
Gifhorner Trog
Prign.-Altm.-Senke
Berlin
Poznan
Hannover
BRD
Subherzyne Senke
DDR
Wroclaw
Dresden
Bonn
ČSSR
Krakow
Frankfurt/Main
Praha
1
2
3
km 25 0 50 100 150 200 250 km
Lias + Dogger
(H. KÖLBEL, NÖLDEKE, TESSIN, 1969)

Abb. 6.

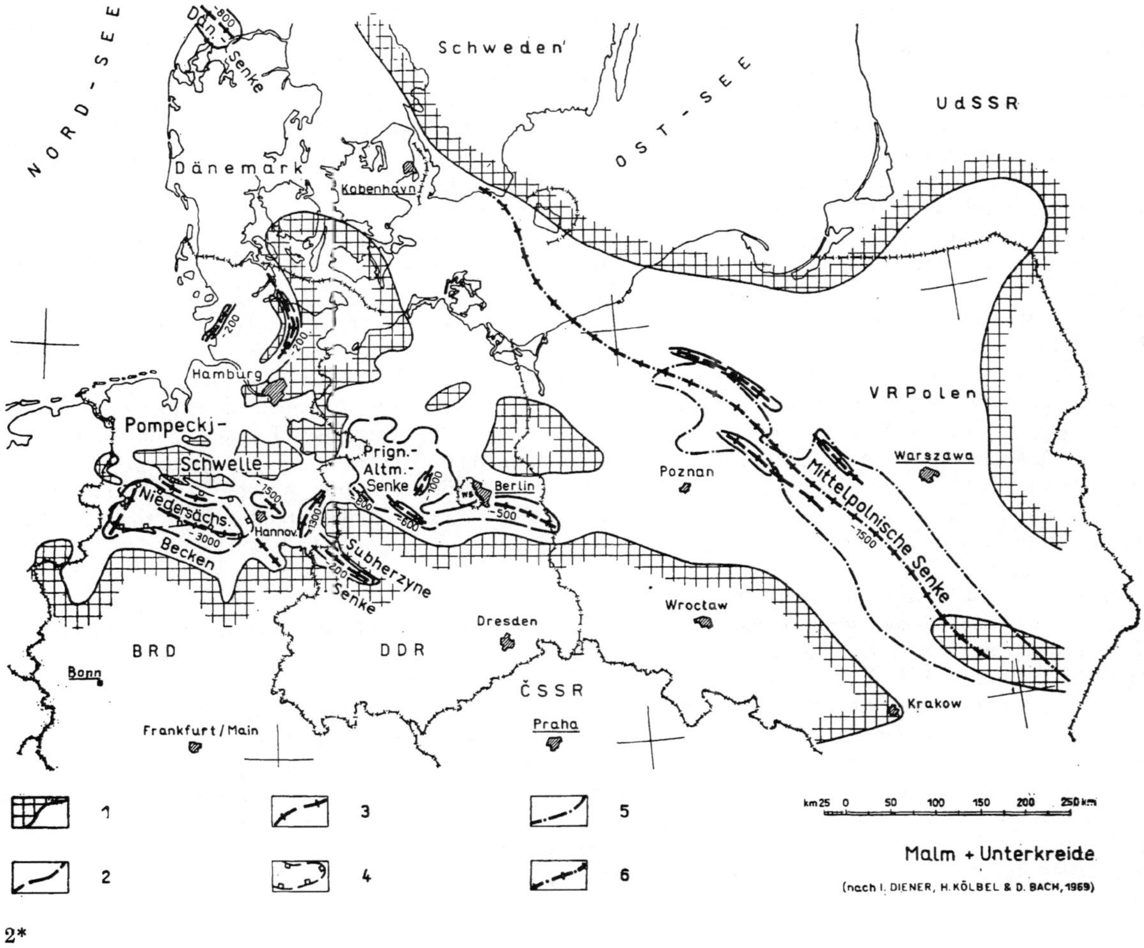
Dän. Senke
NORD-SEE
Schweden
Dänemark
København
OST-SEE
UdSSR
Hamburg
VR Polen
Pompeckj-Schwelle
Prign.-Altm.-Senke
Niedersächs. Becken
Berlin
Poznan
Warszawa
Mittelpolnische Senke
Hannov.
Subherzyne Senke
Wroclaw
Dresden
BRD
DDR
Bonn
ČSSR
Krakow
Frankfurt/Main
Praha
1
2
3
4
5
6
km 25 0 50 100 150 200 250 km
Malm + Unterkreide
(nach I. DIENER, H. KÖLBEL & D. BACH, 1969)

Abb. 7.

2*

(Abb. 6). Am deutlichsten trat der Gifhorner Trog in Erscheinung (BRAND & HOFFMANN 1963, PHILLIP u. a. 1963). Die Eichsfeld-Altmark-Schwelle wurde durch die beginnende Herausbildung der NW—SE streichenden Thüringer und Subherzynen Senke allmählich auf ein Hochgebiet in der Westlichen Altmark reduziert (Altmark-Schwelle) (NÖLDEKE u. a. 1975/76). Weiter bildete sich die Prignitz-Altmark-Westbrandenburg-Senke (SW-Mecklenburg-Senke nach WIENHOLZ 1967). Ihr Zentrum lag im Gebiet der Westlichen Prignitz und Nördlichen Altmark. Im einzelnen setzte sie sich aus NNE—SSW und NW—SE gerichteten Teilsenken zusammen (NÖLDEKE u. a. 1975/76, DIENER 1975/76).

Infolge der geringen Deckgebirgsmächtigkeiten an den Flanken der Norddeutsch-Polnischen Senke traten Senkungsgebiete mit NW—SE-Richtung besonders dort auf. Während sie am Nordrand und im östlichen Teil der Senke unter der Einwirkung des Südwestrands der Osteuropäischen Tafel bereits im Hauptabsenkungsstadium ausgeprägt waren, bildeten sie sich am Westteil der Südflanke erst jetzt mit der zunehmenden Aktivierung der NW—SE Bruchzonen. Typisches Beispiel dafür ist der von VOIGT (1962) beschriebene Niedersächsische Trog. Im Lias nur schwach angedeutet, erreichte er in den späten Jurastufen und in der Unterkreide mit mehr als 3000 m Sedimente seine volle Ausbildung. Untergeordnet existierten auch noch während des Doggers und des Korallenooliths rheinisch streichende bzw. NE—SW verlaufende Spezialtröge, die das Interferieren zwischen rheinischen und herzynischen Senkungszonen anzeigen. Nur schwach angedeutet waren zu dieser Zeit die Subherzyne Senke und einzelne Senkungsgebiete vor der Flechtinger und Lausitzer Scholle (NÖLDEKE u. a. 1975/76, DIENER 1975/76). Sie hatten den Höhepunkt ihrer Absenkung erst in der Oberkreide (Abschnitt 5). Der größte Teil des Gebiets zwischen Niedersächsischer Senke und Dänisch-Polnischer Senke wurde außerhalb der Randtröge von der POMPECKJ-Schwelle eingenommen. Nach dieser Definition stellte das Mecklenburger Hebungsgebiet (NÖLDEKE u. a. 1975/76) den Ostteil der POMPECKJ-Schwelle dar.

Die großregionale Sedimentationsgeschwindigkeit ist infolge der starken Mächtigkeitsdifferenzierung durch die Halokinese nur ungefähr anzugeben. Die mittleren Sedimentationsraten betrugen für das Gebiet der Prignitz-Altmark-Westbrandenburg-Senke bis zum Pliensbach etwa 20 m/Mill. Jahre, verstärkten sich bis zum Bathon auf etwa 40 m/Mill. Jahre (Sandschüttungen im Aalen und Bajoc-Bathon), um dann ab Callov auf Werte um etwa 10 m/Mill. Jahre abzusinken. In den anderen Jurasenken betrugen sie im Lias und Dogger zwischen 25 und 50 m/Mill. Jahre, wobei die höchsten Werte im Gifhorner Trog erreicht wurden. Im Malm und in der Unterkreide erhöhten sie sich auf 60 bis 70 m/Mill. Jahre in der Niedersächsischen Senke und verringerten sich auf etwa 30 bis 40 m/Mill. Jahre im Gifhorner Trog.

Das Differenzierungsstadium kulminierte mit dem Einsetzen der jungkimmerischen Bewegungen, die zu der regressiven Entwicklung und weitgehenden strukturellen Aufgliederung im Malm und im Wealden/Valangin führten (Abb. 7). Die nachfolgenden Unterkreidetransgressionen (vor allem im höheren Unter- und tieferen Oberhauterive) hatten keine grundlegende Änderung der tektonischen Situation zur Folge. Die Hochgebiete wurden nur kurzfristig in das Sedimentationsniveau einbezogen (POMPECKJ-Block, Mecklenburger Hebungsgebiet) (DIENER 1968). Erst die Transgression des Mittelalb-Cenomans leitete eine neue tektonische Entwicklung ein. Deshalb wird die prämittelalbische Unterkreide noch zum Differenzierungsstadium gerechnet, obwohl die Zyklengliederung nicht mit dieser Abgrenzung übereinstimmt (s. u.).

Im Gegensatz zur Norddeutsch-Polnischen Senke unterblieb in der Mittelpolnischen und Dänischen Senke eine vergleichbare Umgestaltung bis einschließlich Jura. Am Südwestrand der Osteuropäischen Tafel gewannen die tektonischen Bewegungen erst am Ende des Differenzierungsstadiums der Norddeutsch-Polnischen Senke größere Wirksamkeit. Sie führten im Bereich der Dänisch-Polnischen Senke bereits in der Unterkreide (POŻARYSKI 1960, VOIGT 1962) zu ersten Anzeichen der tektonischen Inversion mit Bildung schwach ausgeprägter subsequenter Randtröge. Die Sedimentationsraten waren in der Mittelpolnischen Senke mit 60 m/Mill. Jahren im Lias und Dogger sowie 70 bis 80 m/Mill. Jahren im Malm wie in der Trias beträchtlich. Die starke Absenkung im Malm erfolgte zeitgleich mit der des Niedersächsischen Beckens als Ausdruck der jungkimmerischen Bewegungen.

Im Gegensatz zum Perm-Trias-Zyklus trat in der lithologischen Entwicklung der Schichtenfolge des Jura-Unterkreide-Zyklus die rhythmisch-zyklische Feingliederung stark zurück. Die Schichten weisen auf Grund der zunehmenden strukturellen Differenzierung intensivere Mächtigkeits- und Lithogradienten auf, was ihre regionale Korrelierbarkeit einschränkt. Die epirogenen Großzyklen mit Transgressions- und Regressionsphasen sind deutlicher als im Hauptabsenkungsstadium ausgebildet. Während marine Vorstöße im Hauptabsenkungsstadium weitgehend abhängig waren vom Verhältnis zwischen Absenkung und terrigener Sedimentzufuhr, spielten während des Differenzierungsstadiums epirogenetische Pulsationen (großräumige vertikale Krustenbewegungen), verbunden mit eustatischen Meeresspiegelschwankungen, eine größere Rolle. Die starke paläotektonische Aufgliederung des Sedimentationsraums verhinderte jedoch ein rasches Vordringen der Transgressionen bzw. Ingressionen wie es im Perm und in der Trias der Fall war. So erreichte die vom SW kommende Transgression des Räts, die den Jura-Unterkreide-Zyklus einleitete, erst im Carix den Ostteil der Norddeutsch-Polnischen Senke (KÖLBEL 1968). Der Höhepunkt der marinen Entwicklung lag nach mehreren kurzen marinen Vorstößen und Rückzügen im Callov. In Verbindung mit den jungkimmerischen Bewegungen überwogen im oberen Malm allmählich regressive Tendenzen.

Dem Transgressions- und Inundationsstadium entsprechen die graufarbenen sandig-tonigen Sedimente des Lias und Doggers. Die karbonatisch-evaporitischen und buntfarbenen tonig-mergeligen Bildungen des Malms gehören zum Regressionsstadium. Mit der Auffüllung der Senken entstanden wie zum Abschluß des Hauptabsenkungsstadiums auch kohleführende Formationen (Wealden).

## 5. Stabilisierungsstadium (Mittleres Alb bis Känozoikum)

Die tektonische Entwicklung von Oberkreide und Tertiär war durch fortschreitende Stabilisierung und Angleichung der Sedimentationsbedingungen an die Verhältnisse der Osteuropäischen Tafel charakterisiert. Wesentliche Merkmale dieses Stadiums waren tektonische Inversionen und die mit ihnen verbundenen intensiven bruchtektonischen Vertikalbewegungen. Die Inversionen betrafen die Senkungsgebiete unabhängig vom Alter ihrer Anlage. Die seit dem Saxon bestehende Mittelpolnische Senke wurde von ihnen ebenso erfaßt (Entstehung des Pommersch-Kujawischen Walles) wie die erst im Obermalm herausgebildete Niedersächsische Senke.

Zu Beginn des Stabilisierungsstadiums wurden die eingeebneten Strukturen des Differenzierungsstadiums von der Mittelalb-Cenoman-Transgression weiträumig überflutet. In dem von Westeuropa bis zur Osteuropäischen Tafel reichenden Meeresgebiet herrschten relativ ausgeglichene morphologische und fazielle Verhältnisse (DIENER 1968, MUSSTOW 1975/76). Vorläufer der subherzynischen Bewegungen setzten im Turon ein. Sie machten sich in Mächtigkeitsdifferenzierungen während des gesamten Turons sowie durch intraformationelle Konglomerate und subaquatische Rutschungen im Unterturon (MUSSTOW 1975/76) bemerkbar. Die bruchtektonische Aktivität verstärkte sich wesentlich im Coniac-Santon und führte zu mehr als 1500 m Sedimenten in den Randtrögen (SW-Altmark-Senke vor Flechtinger Scholle; Niederlausitzer Senke vor Lausitzer Scholle, Subherzyne Senke vor Harz-Scholle u. a.). Der durch die subherzynischen Bewegungen eingeleitete strukturelle Umbau der Norddeutsch-Polnischen Senke wurde frühlaramisch in der Zeit vom jüngsten Campan bis zum ältesten Maastricht vollendet (transgressives Übergreifen des jüngeren Maastricht auf ältere Schichten (MUSSTOW 1968)). Es bildete sich der heutige, in der Karte des prätertiären Untergrunds besonders deutliche, herzynisch streichende und von KÖLBEL (1959, 1967) zuerst beschriebene Schollenbau heraus.

Im Nordteil der DDR entstand aus der Prignitz-Altmark-Westbrandenburg-Senke die Inversionsstruktur des Prignitz-Lausitzer Walls, auf den Tertiär über unterkretazische und ältere Schichten transgredierte. Das ehemalige Rügen-Mecklenburger Hebungsgebiet zerfiel in die Mecklenburger und Rügener Senke mit der dazwischenliegenden Inversionsstruktur des Grimmener Walls. Während sich in den beiden Senken eine kontinuierliche Schichtenfolge des Alb-Maastricht ablagerte, transgredierte in den peripheren Bereichen des Grimmener Walls Campan über Turon und jüngere Oberkreide. In seinem Zentrum liegt Quartär über Lias (BRÜCKNER & PETZKA 1967). Mit der entstandenen strukturellen Gliederung hatte sich die herzynische Richtung als vorherrschende Richtung in der ganzen Norddeutsch-Polnischen Senke durchgesetzt. Sie wird jedoch im Bereich der rheinisch streichenden Mittelmeer-Mjösen-Zone unterbrochen. Rheinische Elemente traten östlich davon untergeordnet und wahrscheinlich erst wieder während der frühlaramischen Bewegungen auf. Sie sind durch die Erhaltung des Obermaastricht im Bereich des westlichen Teils des Prignitz-Lausitzer Walls unter Tertiär nachgewiesen (AHRENS u. a. 1975/76). Obwohl an halokinetische Randsenken gebunden, weist der lineare Verlauf der Obermaastrichtverbreitung auf eine Aktivität von Störungen hin.

Die in der Oberkreide erreichte Stabilisierung der Norddeutsch-Polnischen Senke machte sich in den Mächtigkeiten und der Verbreitung des Tertiärs deutlich bemerkbar. Die Hauptabsenkung erfolgte jetzt in der Nordseesenke über dem zentralen Nordseegraben (mehr als 3000 m Tertiär). SE-Ausläufer der Senke erstreckten sich bis in das Gebiet von Hamburg (Hamburger Trog), der Hauptteil der Norddeutsch-Polnischen Senke und die Mittelpolnische Senke gehörten zum flachen Randbereich des epikontinentalen Tertiärmeers. Die strukturelle Schollengliederung des prätertiären Untergrunds zeichnete sich im Tertiär nur im südlichen Randbereich (Flechtinger Wall, Lausitzer Wall, Harz und in den ihnen vorgelagerten Senken: SW-Altmark-Senke, Südbrandenburg-Senke, Subherzyne Senke) ab. Im Bereich des ehemaligen Senkenzentrums spiegelte sich dagegen in der Verbreitung der Tertiärstufen eine Beckenkonfiguration wider, die der großregionalen Gliederung der Trias ähnlich ist.

Im Verlauf der Faziesgrenzen, Mächtigkeiten und sekundären Ausbisse überwiegt die NW—SE-Richtung. Zeitweise war auch eine stärkere Betonung der rheinischen Richtung vorhanden (Verlauf der Isopachen und des sekundären Ausbisses der Heller Schichten, Verlauf der Strukturzone Kabelitz-Trieplatz-Himmelpfort, Verlauf der Faziesgrenzen und sekundäre Ausbisse der Rupelschichten) (AHRENS u. a. 1975/76). Durch die subherzynisch-laramische Tektonik aktiviert, erreichte der Diapirismus in der höheren Oberkreide und im tieferen Tertiär seinen Höhepunkt. Er war vor allem auf die Inversionsgebiete (Niedersächsische Senke, Prignitz-Altmark-Westbrandenburg-Senke) konzentriert. Im südlichen Randbereich der Senke folgen die Salzachsen mit aufgesetzten Diapiren NW—SE-streichenden Störungszonen. Im Zentralteil der Senke ordnen sich die Diapire zur sogenannten laramischen Diapirzone (AHRENS u. a. 1975/76) mit rheinischer und herzynischer Richtung an.

Die Mächtigkeiten und die räumliche Verbreitung der Tertiärstufen in der Norddeutsch-Polnischen Senke lassen eine zwar schwache, aber deutliche und nach W zunehmende tektonische Mobilität erkennen. Hier zeichnet das „Norddeutsche Senkungsfeld" (LOTSCH 1968) im Gebiet der Norddeutsch-Polnischen Senke auch in seinem rezenten Bewegungsverhalten das ehemalige Hauptsenkungszentrum nach (vgl. SCHWAB u. a. 1973). Während das Gebiet der ehemaligen Mittelpolnischen Senke im Pommersch-Kujawischen Wall weitgehend in den Stabilisierungszustand des Kratons einbezogen ist, bildeten sich im Paläogen und im Neogen nordöstlich und im Neogen südwestlich davon Senken heraus, die als Restsenken der ehemaligen oberkretazischen Randtröge angesehen werden können.

Dem Stabilisierungsstadium entsprechen kretazischer (Valangin/Hauterive-Maastricht) und tertiärer (Oberpaläozän bis Pliozän) Zyklus. In ihnen kamen überregionale Transgressionen wie die Mittelalb-Cenoman- und die Oligozän-Transgression besonders zum Ausdruck. Ebenfalls weist die formationelle Ausbildung beider Zyklen auf die Stabilisierung der Senke hin. Charakteristisch dafür sind die oberkretazische Kalkmergelstein- und Schreibkreideformation, die regional weit aushalten und einen geringen Lithogradienten aufweisen sowie die Braunkohlenformation des Tertiärs.

## 6. Schlußbemerkungen

Die in den einzelnen Stadien verlaufende tektonische Entwicklung der Norddeutsch-Polnischen Senke, wie sie in den vorstehenden Abschnitten geschildert wurde, wird von TESCHKE & SCHWAB (1977) als ein autonomer, auf zunehmende Stabilisierung gerichteter diskontinuierlicher tektonischer Prozeß charakterisiert. Eine solche Kennzeichnung ist nicht nur an der Entwicklungsgeschichte der Südwestrandzone der Osteuropäischen Tafel nachweisbar (TESCHKE 1975), sondern spiegelt sich ebenso in der Geschichte der Nordseesenke wider, die unter Betonung beckendynamischer Aspekte durch ZIEGLER (1975) und KENT (1975) beschrieben wurde. Besonders ZIEGLER verweist auf die engen Wechselbeziehungen zwischen den Aktivitätsperioden überregionaler Störungszonen und den Stadien der Beckenbildung, wobei er sich besonders auf die wiederholte Reaktivierung der Störungstektonik im Bereich des zentralen Nordseegrabens bezieht. Als Teil des Rheinischen Großlineaments stellt er die Verbindung zwischen Mittelmeer-Mjösen-Zone und dem Arktik-Nordatlantik-Rift her. So folgt das Hauptabsenkungsstadium im Bereich der Nordsee ebenso wie in der Norddeutsch-Polnischen Senke einem Zeitabschnitt intensiver Störungstektonik am Abschluß der variszischen Faltungsära und endet mit einer erneuten Reaktivierung dieser Störungen (altkimmerische Bewegungen). Die großräumige Absenkung wird abgelöst durch eine engräumige tektonische Differenzierung mit raschem Mächtigkeits- und Fazieswechsel über tektonischen Störungszonen.

Die für das Differenzierungsstadium charakteristische Bildung schmaler, störungsgebundener Sedimentationströge bzw. Grabenstrukturen fällt nach ZIEGLER (1975) zeitlich mit der Dehnungsphase der voraustrischen alpidischen Entwicklung zusammen (jungkimmerische Bewegungen) (JUBITZ 1975). Der von der spätkretazisch-frühtertiären alpidischen Faltung ausgehende Kompressionsdruck löste schließlich die tektonischen Inversionen des Stabilisierungsstadiums aus, durch die die erneut einsetzenden weitflächigen Absenkungen, besonders im Südteil der Mitteleuropäischen Senke, räumlich und zeitlich unterbrochen werden. Auf die räumlichen Unterschiede im erreichten Stabilisierungsgrad wurde bereits eingegangen. Hier soll noch einmal auf die intensive Absenkung der tertiären Nordseesenke hingewiesen werden, deren Achse mit der des zentralen Nordseegrabens übereinstimmt, ohne daß der Senkungsraum selbst von Störungen kontrolliert wird. Offenbar werden durch die Senkung tiefkrustale Prozesse im Zusammenhang mit der Öffnung des Nordatlantiks kompensiert.

In ähnlicher Weise wie auf den Strukturbau wirkte sich das überregionale Geschehen auch auf die formationelle Entwicklung und den Charakter der Sedimentation aus, und zwar um so mehr, als mit abnehmender Senkungsintensität die Autonomie der Senkenbildung verloren ging. So äußerten sich diese Einflüsse besonders in dem Transgressions-Regressions-Regime während des Differenzierungs- und besonders im Stabilisierungsstadium, während das Hauptabsenkungsstadium als einheitlicher Großzyklus mit ausgeprägter Kleinrhythmik eine weitgehende eigenständige Entwicklung nahm (z. B. Zechstein, „germanische" Trias).

In der Analyse der Beziehungen zwischen struktureller und stofflicher Entwicklung der Norddeutsch-Polnischen Senke und den tektonischen Vorgängen ihres großregionalen Rahmens liegt ein wesentlicher Ansatzpunkt für weitere Untersuchungen der Beckenentwicklung und der Gesetzmäßigkeiten der Stoffverteilung, da es sich in diesem Zusammenhang auch um Gebiete mit volkswirtschaftlich nutzbaren Bodenschätzen handeln kann.

## Zusammenfassung

Der Beitrag gibt einen Überblick über die strukturelle Entwicklung des Deckgebirges in der Norddeutsch-Polnischen Senke unter besonderer Betonung beckendynamischer Gesichtspunkte. Die Entwicklung zwischen Oberem Stefan/Autun und Tertiär vollzog sich in vier Entwicklungsstadien: Aktivierung (Stefan — Saxon I), Hauptabsenkung (Saxon II — Mittlerer Keuper), Differenzierung (Oberer Keuper — Unterkreide) und Stabilisierung (Mittleres Alb — Känozoikum). Sie führte in den beiden letzten Stadien zu einer zunehmenden Angleichung des Senkenraums an den Stabilitätszustand der Osteuropäischen Tafel. Dieser sich in verringerten Sedimentationsraten als Ausdruck abnehmender Senkungsintensität abzeichnende Prozeß wird von einem rhythmisch-zyklischen Aufbau der lithologischen Abfolge mit Ausbildung von vier Großzyklen überlagert, deren zeitlicher Umfang sich nur zum Teil mit den ausgeschiedenen Entwicklungsstadien deckt (Saxon II — Mittlerer Keuper, Oberer Keuper — Wealden/Valangin, Hauterive — Maastricht/Mittelpaläozän, Oberpaläozän — Quartär.

## Резюме

Дается обзор о структурном развитии покровной горы в Северогерманско-Польской впадине при особом ударении палеотектонических и впадинодинамических точек зрений. Развитие между верхним стефанским/отенийским веками и третичним периодом происходило в 4 стадиях развития: активизация (ранная стадия, стефанский — саксонский I), основное опускание (саксонский II — средний кейпер), дифференцирование (верхний кейпер — нижний мел) и стабилизация (верхний мел — кайнозой). Оно привело в последных двух стадиях к возрастающему приравнению пространства впадины на стабильное состояние Восточно-европейской платформы. Этот выделяющийся по уменьшенной доли седиментации как выражение снимающей интензивности опускания процесс перекрывается рифмичноцикличным строением литологической последовательности с образованием 4 крупных циклов, но временный отрезок их покрывается только частично с выделенными стадиями развития (саксонский II — средний кейпер, верхний кейпер — вельд/валанжинский, готеривский — маастрихский/средний палеоцен, верхний палеоцен — четвертичный).

## Summary

The structural development of the platform cover in the North German-Polish depression is reviewed, with special respect to palaeotectonic and basin-dynamic aspects. The development between the Upper Stephanian/Autunian and Tertiary took place in four stages, viz activation (early stage, Stephanian — Saxonian I), main depression (Saxonian II — Middle Keuper), differentiation (Upper Keuper — Lower Cretaceous), and stabilization (Upper Cretaceous — Cainozoic). In the last two stages it resulted in an increasing assimilation of the area of depression to the state of stability of the East European platform. This process, which represented itself in reduced rates of sedimentation as an expression of decreasing intensity of depression, is superimposed by a rhythmic-cyclic structure of the lithological succession with a development of four major cycles, whose chronological extent, however, only coincides in part with the stages of development distinguished (Saxonian II — Middle Keuper — Upper Keuper — Wealden/Valanginian, Hauterivian — Maestrichtian/Middle Palaeocene, Upper Palaeocene — Quaternary).

## Literatur

AHRENS, H.; LOTSCH, D. u. a.: Zur paläotektonischen Entwicklung des Tafelgebirges im N-Teil der DDR. 8. Paläotektonische Entwicklung im Terriär — Jb. Geol., 11/12, (1975/76), Berlin 1978.

BAUMANN, L.; TISCHENDORF, G.; SCHMIDT, K.; JUBITZ, K. B.: Zur minerogenetischen Rayonierung des Territoriums der DDR. — Z. geol. Wiss., 4, Berlin 1976.

BENEK, R.; KATZUNG, G.; RÖLLING, G.: Variszischer subsequenter Vulkanismus und tektonische Entwicklung im Gebiet der DDR. — Veröff. Zentral.-Inst. Phys. Erde, 44, Berlin 1977.

BENEK, R.; PAECH, H.-J.: Zur Paläotektonik des Permosiles im Gebiet der Flechtinger Scholle (Bezirk Magdeburg). — Z. geol. Wiss., 2, 10, 1143—1155, Berlin 1974.

BEUTLER, G.: Beziehungen zwischen dem altkimmerischen Strukturplan und dem tieferen Untergrund. — Veröff. Zentral.-Inst. Phys. Erde, 14, 113—118, Berlin 1973.

BEUTLER, G. u. a.: Vortrag Arbeitskreis Erdöl—Erdgas. — Dt. Gesellsch. geol. Wiss., Magdeburg 1975.

BOIGK, H.: Ergebnisse und Probleme stratigraphisch-paläogeographischer Untersuchungen im Buntsandstein Nordwestdeutschlands. — Geol. Jb., 78, 123—134, Hannover 1961.

BRAND, E.; HOFFMANN, K.: Stratigraphie und Fazies des nordwestdeutschen Jura und Bildungsbedingungen seiner Erdöllagerstätten. — Erdöl und Kohle, 16, 6—I, 437—450, Hamburg 1963.

BRÜCKNER, W.; PETZKA, M.: Paläogeographie und Lagerungsverhältnisse von Alb und Oberkreide in Nordostmecklenburg. — Ber. dt. Gesellsch. geol. Wiss., A, 12, 521—533, Berlin 1967.

BUBNOFF, S.: Grundprobleme der Geologie. — Akademie-Verlag, Berlin 1959.

BUSCH, W. A.; KIRJUCHIN, L. G.: Über die Verbreitung subsequenter Effusiva des Jungpaläozoikums in Mitteleuropa. — Z. angew. Geol., 18, 7, 323—328, Berlin 1972.

DADLEZ, R.: Zum Permomesozoikum und seinem Untergrund in Nordwestpolen. — Ber. dt. Gesellsch. geol. Wiss., A, 12, 4/4, 355—368, Berlin 1967.

DADLEZ, R.; MAREK, S.: Der strukturelle Stil des Zechstein-Mesozoikum-Komplexes in einigen Gebieten der Polnischen Tiefebene. — Kwart. Geol., 13, 3, 543—563, Warschau 1969.

DIENER, I.: Die Paläogeographie der Kreide im Nordteil der DDR in Beziehung zu den Nachbargebieten. — Ber. dt. Gesellsch. geol. Wiss., A, 12, 3/4, 289—313, Berlin 1967.

— Kreide. In: Grundriß der Geologie der Deutschen Demokratischen Republik, 1, 320—342, Akademie-Verlag, Berlin 1968.

— Zur paläotektonischen Entwicklung des Tafeldeckgebirges im N-Teil der DDR. 6.: Paläotektonische Entwicklung in der Unterkreide. — Jb. Geol., 11/12, (1975/76), Berlin 1978.

EIGENFELD, I.; SCHWAB, M.: Zur geotektonischen Stellung des permosilesischen subsequenten Vulkanismus in Mitteleuropa. — Z. geol. Wiss., 2, 2, 115—137, Berlin 1974.

FRANKE, D.: Der erste Aufschluß im tieferen Paläozoikum Norddeutschlands und seine Bedeutung für die tektonische Gliederung Mitteleuropas. — Jb. Geol., 1, 119—165, Berlin 1965.

GLUSCHKO, V. V.; DIKENSTEIN, G. CH.; SCHMIDT, K.; GOLDBECHER, K.: Rayonierung des Nordteils der DDR nach dem Alter des gefalteten Fundaments. — Sow. Geol., 5, 37—43, Moskau 1974.

HELMUTH, H.-J.: Zur Fazies des Oberrotliegenden in NE-Mecklenburg. — Z. Geologie, 17, 1, 52—59, Berlin 1968.

HESEMANN, J.: Über den Sedimentations-Mechanismus im Buntsandstein und im Mesozoikum überhaupt. — Decheniana, 123, 1/2, 107—114, Bonn 1971.

HIRSCHMANN, G.; HOTH, K.; KLEBER, F.: Die lithostratigraphische Gliederung des Oberkarbons im Bereich der Inseln Rügen und Hiddensee. — Z. geol. Wiss., 3, 7, 985—996, Berlin 1975.

HOFFMANN, N.; LINDERT, W.; WEYER, D.; ILLERS, K.-H.: Zum Unterkarbon-Vorkommen auf den Inseln Rügen und Hiddensee. — Z. geol. Wiss., 3, 7, 851—873, Berlin 1975.

HOYNINGEN-HUENE, E. v.: Stratigraphisches Korrelationsschema für das Siles und das Perm der Deutschen Demokratischen Republik. — Abh. Zentral. Geol. Inst., 7, 133 S., Berlin 1967.

JUBITZ, K.-B.: Zur Durchkreuzung altkimmerischer und pyrenäischer Faltungselemente im NW-Balkan (Stara Planina) — ein methodischer Beitrag zum „historischen Stockwerkbau" des postvariszischen Deckgebirges. — Abh. Akad. Wiss. Berlin, Klasse 3, 1, 147—148, Berlin 1960.

— Beziehungen zwischen Stoffbestand und Bauformen im Tafeldeckgebirge. — Geologie, 18, 8, 911—945, Berlin 1969.

— Zur Problematik tektonischer Untersuchungen im Deckgebirge STILLES (Tafeldeckgebirge und Molassestockwerk). — Veröff. Zentral.-Inst. Phys. Erde, 14, 69—83, Berlin 1973.

— Paläotektonik im nördlichen Vorland des Alpen-Orogens (Gebiet DDR). In: Arbeiten zum Internationalen Geodynamik-Projekt in der DDR. — Geodät. geophys. Veröff., R. 3, 36, S. 24, Berlin 1975.

KATZUNG, G.: Stratigraphie und Paläogeographie des Unterperm in Mitteleuropa. — Geologie, 21, 4/5, 560—584, Berlin 1972.

— Klima, Sedimentation und Tektonik der Mitteleuropäischen Saxonsenke. — Z. geol. Wiss., 3, 11, 1453—1472, Berlin 1975.

— Zur paläotektonischen Entwicklung des Tafeldeckgebirges im N-Teil der DDR. 2. Paläotektonische Entwicklung im Saxon. — Jb. Geol., 11/12, (1975/76), Berlin 1978.

KENT, P. E.: Review of North Sea Basin development. — J. geol. Soc. London, 131, 435—468, London 1975.

KÖLBEL, H.: Stand und Ergebnisse der Kartierung des tieferen Untergrundes Nordostdeutschlands und angrenzender Gebiete. — Ber. geol. Gesellsch. DDR, 4, 2/3, 115—156, Berlin 1959.

— Allgemeiner Überblick über die paläogeographische und tektonische Stellung des Norddeutschen Tieflandes nebst Einführung in die Problemstellung. — Ber. dt. Gesellsch. geol. Wiss., A, 12, 1/2, 51—64, Berlin 1967.

— Regionalgeologische Stellung der DDR im Rahmen Mitteleuropas. In: Grundriß der Geologie der Deutschen Demokratischen Republik, 1, 18—66, Akademie-Verlag, Berlin 1968.

KOLB, U.: Zur Mikrofazies im Muschelkalk des Subherzyns. — Z. geol. Wiss., 3, 11, 1425—1436, Berlin 1975.

KOOTZ, G.; SCHUMACHER, K.-H.: Der Keuper im Bereich der Altmark-Südwestmecklenburg-Schwelle unter besonderer Berücksichtigung der Bhg. Salzwedel 1. — Jb. Geol., 1, 89—117, Berlin 1967.

LOTSCH, D.: Tertiär (Paläogen und Neogen). In: Grundriß der Geologie der Deutschen Demokratischen Republik, 1, 356—379, Akademie-Verlag, Berlin 1968.

LUDWIG, A. O.: Die Eislebener Schichten (Saxon) als Übergang zum Tafeldeckgebirge. — Veröff. Zentral.-Inst. Phys. Erde, 44, Berlin 1977.

LÜTZNER, H.: Zur Paläodynamik variszischer Innenmolassen nördlich des Moldanubikums. In: Arbeiten zum International. Geodynamik-Projekt in der DDR (Fortschrittsber. 1973 und 1974). — Geodät. geophys. Veröff., R. 3, 36, 36—37, Berlin 1975 (1975a).

— Sedimentation des Rotliegenden im Thüringer Wald. — Thesen zur Dissertation (B), Ernst-Moritz-Arndt-Univers. Greifswald, 9 S., Jena 1975 (1975b).

LÜTZNER, H.; GRUMBT, E.; ELLENBERG, J.; FALK, F.: Sedimentologische Kriterien variszischer Molassen Mitteleuropas. — Veröff. Zentral.-Inst. Phys. Erde, 44, Berlin 1977.

MAREK, S.; ZNOSKO, J.: Historia rozwoju geologicznego kujaw. — Kwart. Geol., 16, 2, 233—248, Warszawa 1972.

MEIER, R.: Zu einigen Sedimentgefügen der Werra-Sulfate (Zechstein 1) am Osthang der Eichsfeld-Schwelle. — Z. geol. Wiss., Berlin, 3, 10, 1333—1349, Berlin 1975 (1975a).

MEIER, R.: Generelle Aspekte eines globalen Vergleichs großer Salinarvorkommen und ihrer Beziehungen zur Beckengenese. In: Arbeiten zum internationalen Geodynamik-Projekt in der DDR. — Geodät. geophys. Veröff., Reihe 3, 36, S. 39, Berlin 1975 (1975b).

MUSSTOW, R.: Beitrag zur Stratigraphie und Paläogeographie der Oberkreide und des Albs in Ostbrandenburg und der östlichen Niederlausitz. — Z. Geol. 17, Beih. 61, 71 S., Berlin 1968.

— Zur paläotektonischen Entwicklung des Tafeldeckgebirges im N-Teil der DDR. 7. Paläotektonische Entwicklung in der Oberkreide. — Jb. Geol., 11/12, (1975/76), Berlin 1978.

NÖLDEKE, W.; BACH, D.; TESSIN, R.: Zur paläotektonischen Entwicklung des Tafeldeckgebirges im N-Teil der DDR. 5. Paläotektonische Entwicklung im Jura. — Jb. Geol., 11/12, (1975/76), Berlin 1978.

NÖLDEKE, W. u. a.: Zur paläotektonischen Entwicklung des Tafeldeckgebirges im N-Teil der DDR. 9. Saxon bis Tertiär. — Jb. Geol., 11/12, (1975/76), Berlin 1978.

PAECH, H.-J.: Vorläufige Mitteilung über permosilesische Sedimente unter den Vulkaniten der Flechtinger Scholle (Bezirk Magdeburg). — Geologie, 18, 358—359, Berlin 1969.

PHILLIP, W.; DRONG, H.-J.; FÜCHTBAUER, H.; HADDENHORST, H. G.: Zur Geschichte der Migration des Gifhorner Trog. — Erdöl und Kohle, 16, 6, I, 456—468, Hamburg 1963.

RADZINSKI, K.-H.; PUFF, P.: Zur paläotektonischen Entwicklung des Tafeldeckgebirges im N-Teil der DDR. 3. Paläotektonische Entwicklung im Buntsandstein und Muschelkalk. — Jb. Geol., 9/10, (1973/74), Berlin 1977.

RICHTER-BERNBURG, G.: The Oberrhein Graben in its European and Global Setting. In: ILLIES J. H. & K. FUCHS (ed.): Approaches to Taphrogenesis. — Inter-Union on Geodynamics, Scient. Rep., 8, 13—41, Stuttgart 1974 (1974a).

— Stratigraphisches Synopsis des deutschen Buntsandsteins. — Jb. Geol., A, 25, 127—132, Hannover 1974 (1974b).

ROLL, A.: Langfristige Reduktion der Mächtigkeit von Sedimentgesteinen und ihre Auswirkung — Eine Übersicht. — Jb. Geol., A, 14, 1—76, Hannover 1974.

ROST, U.: Beziehungen zwischen den tektonischen und paläogeographischen Bedingungen und die lithofaziellen Verhältnisse im Werra- u. Staßfurthkarbonat Thüringens. — Z. angew. Geol., 21, 10, 462—467, Berlin 1975.

RUDKEVIČ, M. J.; BOTSCHKAREW, V. S.; MAKSIMOW, E. M.; TIMOFEEW, A. A.: Die Hauptetappen der Geschichte der geologischen Entwicklung der Westsibirischen Platte (russ.). — Tr. Zap.-Sib. n.-i. geologorazvied. In-ta, Ausgabe 28, Leningrad 1970.

RUSITZKA, D.: Paläogeographie der Trias im Nordteil der DDR. — Ber. dt. Gesellsch. geol. Wiss., A, 12, 3/4, 243—257, Berlin 1967.

RUSITZKA, D.; DOCKTER, J.: Zur paläotektonischen Entwicklung des Tafeldeckgebirges im N-Teil der DDR. 4. Paläotektonische Entwicklung im Keuper. — Jb. Geol., 11/12, (1975/76), Berlin 1978.

RUSITZKA, D.; JUBITZ, K.-B.: Trias. In: Grundriß der Geologie der Deutschen Demokratischen Republik, 1, 268—289, Berlin 1968.

SCHWAB, G.; JUBITZ, K.-B.; MEIER, R.: Zu einigen Aspekten der stofflichen und strukturellen Entwicklung im Tafeldeckgebirge des nördlichen Mitteleuropas, speziell zu Fragen der Postumität. — Veröff., Zentral.-Inst. Phys. Erde, 14, 85—111, Berlin 1973 (1973a).

SCHWAB, G.; TESCHKE, H.-J.; JUBITZ, K.-B.: Zur Raum-Zeit-Beziehung zwischen rezenten Krustenbewegungen und Paläotektonik im Bereich der Norddeutsch-Polnischen Senke. — Z. angew. Geol., 19, 579—586, Berlin 1973 (1973b).

SCHWAB, G.; TESCKHE, H.-J.; WENDLAND, F.; JUBITZ, K.-B.: Methodische Beiträge zur paläotektonischen Analyse im Tafeldeckgebirge der Norddeutsch-Polnischen Senke. — Z. geol. Wiss., 2, 10, 1129—1141, Berlin 1974.

SOBOLEWSKAJA, V. N.: Die taphrogene Entwicklungsetappe epivariszischer Tafeln. — Veröff. Zentral.-Inst. Phys. Erde, 14, 193—202, Berlin 1973.

TESCHKE, H.-J.: Entwicklung und tektonischer Bau des südwestlichen Randbereichs der Osteuropäischen Tafel. — Z. geol. Wiss., 4, 151 S., Berlin 1975.

TESCHKE, H.-J.; SCHWAB, G.: Zur Entwicklung epivariszischer Senkungsstrukturen im Bereich der Mitteleuropäischen Senke, der Skythischen Platte und der Turan Platte. — Veröff. Zentral.-Inst. Phys. Erde, 44, Berlin 1977.

VOIGT, E.: Über Randtröge vor Schollenrändern und ihre Bedeutung im Gebiet der Mitteleuropäischen Senke und angrenzender Gebiete. — Z. dt. geol. Gesellsch., 114, 2, 378—481, Hannover 1962.

WIENHOLZ, R.: Über den geologischen Bau des Untergrundes im Nordostdeutschen Flachland. — Jb. Geol., 1, 1—87, Berlin 1967.

WILL, J.: Untersuchungen zur Stratigraphie und Genese des Oberkeupers in NW-Deutschland. — Beih. geol. Jb., 54, 240 S., Hannover 1969.

WOLBURG, J.: Vom zyklischen Aufbau des Buntsandsteins. — N. Jb. Geol. u. Paläont., 9, 535—559, Stuttgart 1968.

ZIEGLER, P. A.: The Geological Evolution of the North Sea Area in the Tectonic Framework of the North Western Europe. — Bull. amer. Ass. Petrol. Geol., 59, 7, 1073—1097, Tulsa 1975.

ZNOSKO, J.: Die tektonischen Einheiten der Tektonik Europas. — Biul. Inst. geol., 252, 69—82, Warszawa 1972.

— Die tektonische Stellung des Gebietes Polens im Gesamtbild Europas. — Biul. Inst. geol., 251, 45—70, Warszawa 1970.

# Zum Zoning der Erdöl- und Erdgasgenese in der Lithosphäre nach isotopengeochemischen Untersuchungen

ALEXEJEW, F. A., Moskau

## 1. Einleitung

Das Problem der Erdöl- und Erdgasgenese in der Lithosphäre betrachten mehrere Autoren (WEBER 1964, WASSOJEWITSCH u. a. 1969, SOKOLOW 1972) unterschiedlich, wobei auch auf die Möglichkeit einer zonal bedingten Entstehung des Erdöls und Erdgases, das sogenannte Zoning, eingegangen wird. Die Mehrzahl der Autoren (WASSOJEWITSCH u. a. 1969, JEREMENKO 1968, NERUTSCHEW 1969, SOKOLOW 1972) ist der Auffassung, daß die Entstehung von Erdöl und Erdgas in der Zone der Katagenese als Folge thermokatalytischer Umwandlungsprozesse der organischen Substanz in den Gesteinen erfolgt. WASSOJEWITSCH u. a. (1969) vermuten eine Hauptphase der Erdölgenese im Teufenbereich zwischen 1800 und 3500 m; nach ihrem Schema sind die gasförmigen Kohlenwasserstoffe als Nebenprodukt eines die eigentliche Erdölgenese begleitenden Prozesses anzusehen. Die Mächtigkeit des Bereichs biochemischer Umwandlungsprozesse der organischen Substanz in den Gesteinen wird auf einige zehn, höchstens auf über hundert Meter geschätzt (WASSOJEWITSCH u. a. 1969, SOKOLOW 1972). Daher haben die in diesem Bereich gebildeten Gase der Methanreihe nach Auffassung der erwähnten Autoren kaum praktische Bedeutung, zumal sie letzten Endes in die Atmosphäre entweichen oder von Methansäurebakterien assimiliert werden. Nach dem heutigen Stand der Wissenschaft erscheint diese Auffassung jedoch nicht als exakt begründet und bedarf einer objektiven Nachprüfung. Eine Methode dafür ist die Isotopenanalyse des

Eingang des Manuskripts in der Redaktion: 1. 10. 1975.
Übers.: M. MOKOSCH / Wissenschaftliche Bearbeitung: H. PÄTZ, Bergakademie Freiberg.

Tab. 1. Isotopenzusammensetzung des Kohlenstoffs im Methan verschiedener Zonen der Umwandlung organischer Substanz

| Bezeichnung der Zone | $\delta^{13}C$ [%] |
|---|---|
| Biochemische Zone | von −5,5 bis −9,5 |
| Übergangszone | von −5,5 bis −6,5 |
| Thermokatalytische Zone | von −3,6 bis −5,8 |

Kohlenstoffs aus den entsprechenden organischen Verbindungen. Bis heute liegen insgesamt einige tausend Bestimmungen der Isotopenzusammensetzung des Kohlenstoffs unterschiedlich gebildeter Kohlenwasserstoffe vor; von diesen konnten zur Bearbeitung des Problems nur ca. 1000 in Betracht gezogen werden.

## 2. Zur Wechselwirkung von Erdgasgenese und Isotopenverteilung

Die Verteilung der Kohlenstoffisotope im Methan ist unserer Meinung nach eine Widerspiegelung der genetischen Natur der Kohlenwasserstoffe, d. h. des Verlaufs, der Bedingungen und des Charakters ihrer Entstehung. Daher sind die biochemischen und thermokatalytischen Umwandlungen der organischen Substanz in den Gesteinen wahrscheinlich die grundlegenden genetischen Prozesse, die sich durch die Isotopenanalyse des Methans bestimmen lassen. Es steht fest (ALEXEJEW u. a. 1972), daß in Abhängigkeit von den Entstehungsbedingungen der Kohlenwasserstoffgase eine streng determinierte Isotopenzusammensetzung des Kohlenstoffs besteht. Diese erweist sich als äußerst wichtiges Mittel für die Diagnose der Kohlenwasserstoffgenese. Eine Erweiterung dieser Methodik auf die Erdölkohlenwasserstoffe in einer Reihe von Fällen läßt auch eine Revision der Auffassungen über das Zoning der Erdölbildung in der Kruste zu (Tab. 1).
Die statistische Analyse der Isotopenzusammensetzung des Kohlenstoffs im Methan, welche eine Reproduktion der Bildungsprozesse dieses Gases gestattet, ermöglicht auch eine Aufgliederung der Umwandlungsprozesse der organischen Substanz in eine biochemische und eine thermokatalytische Zone sowie einen dritten Bereich. Dieser gilt als Zwischenglied für die Bildung von Gasen gemischten, biochemischen und thermokatalytischen Ursprungs. Dieses Zoning kommt im Säulendiagramm der Verteilungsreihen für die Kohlenstoffisotope des Methans deutlich zum Ausdruck (Abb. 1).

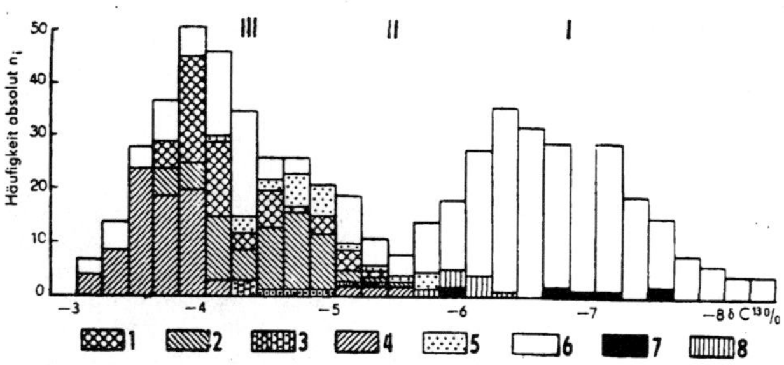


Abb. 1. Isotopenzusammensetzung des Kohlenstoffs im Methan Obere Zone der Gasbildung (Zonen der Umwandlung der organischen Substanz: I — biochemische Zone, II — Übergangszone); III — Zone der Erdöl- und Erdgasbildung (Zone der thermokatalytischen Umwandlung der organischen Substanz);

Gaslagerstätten: 1 — Russische Tafel, 2 — Kaukasusvorland und Nordkaukasus, 3 — Westsibirien (Unterkreide und Jura), 4 — junge Tafel Mittelasiens, 5 — Westturkmenische Senke, 6 — andere Gebiete der UdSSR, 7 — Nord-Stawropol, 8 — Westsibirien (Cenoman)

## 3. Die zonale Verteilung der Kohlenwasserstoffisotope in Lagerstätten der UdSSR

Die Zone der vorwiegend biochemischen Umwandlungen der organischen Substanz in den Gesteinen liegt durchschnittlich in einer Tiefe von 700 bis 1000 m; hier wird vor allem Methan mit einem hohen Anteil des leichten Isotops $^{12}C$ (der Gehalt an $^{13}C$ schwankt zwischen −5,5 und −9,5% nach PDB-Standard) gebildet. Parallel zur Methanbildung laufen in dieser Zone intensive bakterielle Gärungsprozesse ab, die zu einer Umwandlung der organischen Substanz der Gesteine sowie der Kohlenwasserstoffe in Karbonsäuren führen.
Es ist bekannt (ALEXEJEW u. a. 1973), daß die methanassimilierende Mikroflora selektiv die Methanmoleküle mit leichteren Isotopen verarbeitet, während in den verbleibenden $CH_4$-Molekülen das schwere Isotop $^{13}C$ angereichert wird. Andererseits wurde eine bestimmte Spezifik in der Isotopenzusammensetzung des Kohlenstoffs beobachtet, der in dem $CO_2$ enthalten ist, das bei der Bildung von Kohlenwasserstoffen (insbesondere Methan) und bei deren Umwandlung in Karbonsäure anfällt. Der Kohlenstoff des parallel zum $CH_4$ gebildeten $CO_2$ ist etwas schwerer ($\delta^{13}C$ bei −0,8 bis −1,2% nach PDB-Standard) als der des Kohlendioxids, das aus der bakteriellen Umwandlung der Kohlenwasserstoffe entsteht (hier variiert $\delta^{13}C$ im Mittel zwischen −2,0 und −2,5% nach PDB-Standard). Eine solche Spezifik der Isotopenzusammensetzung des Kohlenstoffs begünstigt die Diagnose von Zonen seiner Bildung und Umwandlung in Karbonsäuren.
Die Ergebnisse der Untersuchung der Isotopenzusammensetzung des Kohlenstoffs von $CH_4$ und $CO_2$ zeugen davon, daß schon in Tiefenbereichen von einigen zehn Metern unter dem ersten wasserdurchlässigen Horizont die Prozesse der anaeroben bakteriellen Gärung mit $CH_4$-Entstehung gegenüber denen der Umwandlung des Methans in Karbonsäuren überwiegen; daher dürfte die Methanbildung in der biochemischen Zone riesige Ausmaße besitzen. Nach Schätzungen von SOKOLOW und USPENSKI entstehen jährlich in den Böden, Sümpfen, Flüssen und Seen der Erde etwa $5{,}2 \cdot 10^{11}$ $m^3$ Methan. Diese Bewertung läßt sich nur in begrenztem Maße als Vergleich für die betrachteten Prozesse anwenden, da sie die Methanbildung in den Sedimenten der Meere und Ozeane nicht berücksichtigt. Wenn die $CH_4$-Bildung nach diesen Maßstäben 1 Mill. Jahre anhält, dann ist bereits 1,5mal soviel Methan entstanden, wie zur Zeit in der gesamten Atmosphäre des Planeten enthalten ist. Damit wäre erwiesen, daß schon bei unbedeutender Speicherung von Methan in der Erde die biochemischen Bildungsbedingungen Grundlage für die Entstehung von großen Anreicherungen sein können.
Methanspeicher dieser Entstehung wurden in Tiefen von 400 bis 1100 m im Tertiär und Quartär von Stawropol (Rasschewat, Tachta-Kugulta, Nord-Stawropol, Kutscherlin, Praskowskoje u. a. Lagerstätten), in Tiefen bis zu 1100 m in neogen-quartären Ablagerungen Japans, im Tertiär Italiens usw. festgestellt. Auch die Deltabildungen großer Flüsse (Po, Wolga, Hwangho, Jangtsekiang) sind mit Gasen biochemischer Entstehung gesättigt.
Die Isotopenzusammensetzung des Kohlenstoffs im $CH_4$ aus Gasen biochemischen Ursprungs schwankt (Tab. 2) zwischen −6,65 und −7,50% nach PDB-Standard. Die Gasanreicherungen in den marinen Ablagerungen des westlichen und zentralen Teils der Russischen Tafel und in den Deltabildungen der Wolga (bis zu 300 m Tiefe erforscht) bestehen aus fast reinem Methan, das isotopenmäßig

Tab. 2. Isotopenzusammensetzung des Kohlenstoffs im Methan der biochemischen Zone der Umwandlung der organischen Substanz am Beispiel des Stawropoler Erdgaslagerstättenbezirks

| Lagerstätte | Tiefe, m | Alter | $\delta^{13}C$ [%] |
|---|---|---|---|
| Kutscherlin | 414 | Ober-Maikop | −7,48 |
| Tachta-Kugulta | 610 | Chadum | −7,46 |
| Praskoweja | 700 | Tschokrak | −7,15 |
| Nord-Stawropol | 800 | Chadum | −6,87 |
| Tasschewat | — | Chadum | −7,10 |
| Sinebugraw | 1070 | Ober-Maikop | −7,37 |

leichter ist ($\delta^{13}C$ zwischen −8,30 und −9,50% nach PDB-Standard) als das anderer biochemischer Bildungen. Die spezifische chemische Zusammensetzung der Kohlenwasserstoffe (praktisch reines $CH_4$) und die Isotopenverteilung des Kohlenstoffs im $CH_4$ erlauben eine Einstufung dieser Zone als selbständigen Bereich rein biochemischer Methanbildung.

Im Tiefenbereich zwischen 1000 und 1700 m, den wir als Übergangszone ausgliederten, findet eine Umwandlung der organischen Substanz der Gesteine sowohl auf biochemischem als auch auf thermokatalytischem Wege statt. Dementsprechend herrschen im oberen Teil dieser Zone biochemische, im unteren Teil dagegen thermokatalytische Reaktionen mit den organischen Ausgangsstoffen vor. Hier wird vorwiegend $CH_4$ mit einem $^{13}C$-Wert zwischen −5,5 und −6,5% gebildet; der Gehalt an schwereren Homologen des Methans in den Gasen überschreitet nicht Zehntelprozente. Die Entstehung der Erdgasgroßlagerstätten, die fast reines Methan mit einer Isotopenzusammensetzung des Kohlenstoffs ($\delta^{13}C$) zwischen −5,75 und −6,50% enthalten, ließe sich durch Umwandlungsprozesse der in diese Zone migrierten organischen Substanzen erklären. Als Beispiele können die Lagerstätten in Teufen von 700 bis 1250 m im nördlichen Teil des Gebietes von Tjumen (Urengoj, Medweshje, Sapoljarnoje, Gubkin, Komsomol, Wyngojachin, Wyngapurow, Arktis u. a.) sowie im Tertiär von Stawropol genannt werden (Tab. 3).

Nach unseren Schätzungen wurden in der oberen Gasbildungszone, die den biochemischen und Übergangsbereichen der Umwandlung der organischen Substanz entspricht, mehr als 50% der nutzbaren Vorräte an Kohlenwasserstoffgasen der UdSSR gebildet.

Unterhalb 700 m folgt die Zone der thermokatalytischen Umwandlung der organischen Substanz in den Gesteinen. Die Isotopenverteilung im Kohlenstoff der in dieser Zone gebildeten Kohlenwasserstoffe, die infolge ihrer Zusammensetzung schwerer geworden sind, wird durch den kinetischen Isotopeneffekt bestimmt. Hier werden Methan und dessen Homologe sowie Erdöl gebildet. Das gesamte Erdöl, aber auch das Gas der Erdöl-

Tab. 3. Isotopenzusammensetzung des Kohlenstoffs aus Gasen der Übergangszone (im Methan)

| Lagerstätte | Tiefe [m] | Zusammensetzung | | $\delta^{13}C$ [%] |
|---|---|---|---|---|
| | | $CH_4$ | Homologe | |
| Urengoi | 1100 | 99 | 0,15 | −5,90 |
| | 1250 | 98 | 0,20 | −5,92 |
| Medweshje | 1130 | 98 | 0,10 | −5,88 |
| | 1170 | 99 | — | −5,75 |
| Sapoljarnoje | 1250 | 99 | 0,10 | −6,03 |
| Gubkin | 780 | 98 | 0,10 | −6,11 |
| Komsomol | 975 | 98 | 0,20 | −6,47 |
| Wyngojachin | 795 | 97 | 0,10 | −6,40 |
| Wyngapurow | 990 | 97 | 0,20 | −6,00 |
| Arktis | 690 | 97 | 0,10 | −6,17 |

und gemischten Lagerstätten sind Produkte der thermokatalytischen Umwandlung organischer Substanz. Die Isotopenverteilung des Kohlenstoffs im Methan dieser Zone schwankt zwischen den Werten von −3,6% und −5,8%. In Tiefen von mehr als 6000 bis 7000 m bewirken thermische Prozesse eine Destruktion der zusammengesetzten und höheren Kohlenwasserstoffe unter Bildung ihrer Radikale oder von Methan; letztere Erscheinung wird durch die starke Methananreicherung in Gasen aus diesem Bereich deutlich. Dieser Prozeß wird wahrscheinlich von einer gewissen Anreicherung neugebildeten Methans begleitet, dessen Kohlenstoff im Vergleich zu dem des Methans der gemischten Lagerstätten mehr $^{12}C$ enthält. Methan mit höherem Gehalt an $^{12}C$ ($\delta^{13}C = -5{,}5\%$) wurde von uns in den metamorphen Gesteinen von Kriwoj Rog (WASSOJEWITSCH u. a. 1969) und Montschegorsk ($\delta^{13}C = -4{,}8\%$) (SOKOLOW 1972) nachgewiesen. Die Entstehung dieses Gases ist möglicherweise auf die erwähnten Prozesse zurückzuführen. In Tiefenbereichen unter 7000 m ist auch eine abiogene Bildung des Methans denkbar.

Kohlenwasserstoffe, die im Bereich der thermokatalytischen Umwandlung der Gesteine entstanden sind, bilden einen Teil der Gaslagerstätten sowie sämtliche Erdöl- und gemischten Lagerstätten innerhalb des Deckgebirges. Charakteristisch für die Gase solcher Lagerstätten sind schwerere Homologe und ein niedrigerer Gehalt des $^{12}C$-Isotops im Vergleich zu den leichten Homologen sowie den höheren Gehalten des Methans an $^{12}C$ bei den reinen Gaslagerstätten, die im biochemischen und Übergangsbereich ihren Ursprung haben. Längere Migrationswege von Kohlenwasserstoffen und daraus resultierende Effekte der Isotopenverteilung bei der Bildung von Lagerstätten thermokatalytischer Genesis, die die primäre Isotopenzusammensetzung des Kohlenstoffs in den Kohlenwasserstoffen wesentlich ändern, konnten hier nicht berücksichtigt werden (ALEXEJEW u. a. 1972).

Eine Einwirkung der Isotopenzusammensetzung des Kohlenstoffs der organischen Ausgangssubstanz auf die der Kohlenwasserstoffe kann nicht immer festgestellt werden. Ungeachtet dessen, daß organische Humusstoffe in der Regel 0,5 bis 0,7% mehr $^{12}C$ im Vergleich zu sapropelitischer organischer Substanz enthalten, fehlt in Gasen biochemischen Ursprungs jede Abhängigkeit der Isotopenverteilung des Kohlenstoffs vom Charakter der organischen Substanz. Das läßt sich durch den Mechanismus der Isotopenverteilung erklären: Eine Isotopenaustauschreaktion im System $CH_4-CO_2$ gleicht die Unterschiede wieder aus, die im Kohlenstoff der organischen Ausgangssubstanzen bestehen.

Ein Prinzipschema für das besprochene Zoning der Erdöl- und Erdgasgenese liegt durch Abb. 2 vor.

Weiterhin ermöglicht das Studium der Isotopenzusammensetzung des Kohlenstoffs der gasförmigen Kohlenwasserstoffe innerhalb der Sedimenthülle die Ausgliederung zweier Zonen für die Erdgasentstehung und einer für die Erdölentstehung. Die erste, obere Zone der Gasbildung entspricht dem biochemischen und Übergangsbereich der Umwandlung organischer Substanz. Sie liegt im Teufenbereich von 0 bis 1500 bzw. 1700 m. Die zweite Gasbildungszone stimmt mit dem hypothetischen Bereich der thermokatalytischen Umwandlungen überein und ist in Tiefen von mehr als 1700 m anzutreffen. Die Zone der Erdölbildung entspricht ebenfalls dem thermokatalytischen Bereich und ist an Tiefen von 1700 bis 6000 m gebunden. So ist Erdöl vorwiegend in Tiefen von 2000 bis 4500 m, Kondensat dagegen bei 4500 bis 6000 m ge-

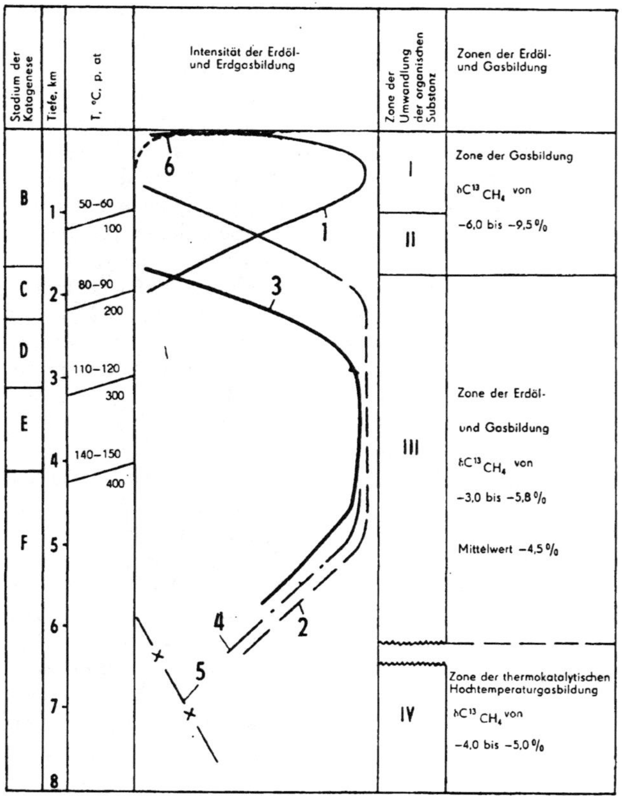


Abb. 2. Vertikales Zoning der Erdöl- und Erdgasgenese
Zonen der Umwandlung organischer Substanz: I — biochemische Zone, II — Übergangszone, III — thermokatalytische Zone, IV — katalytische Hochtemperaturzone der Bildung gasförmiger Kohlenwasserstoffe;

Gasförmige Kohlenwasserstoffe: 1 — Methan, 2 — Methan und dessen Homologe, 3 — Erdöl, 4 — Gaskondensat, 5 — Tiefenmethan, 6 — Kohlendioxidreiches Gas

funden worden; das läßt sich möglicherweise aus der thermodynamischen Situation in diesen Tiefen erklären. In Tiefen von mehr als 6000 bis 7000 m ließe sich innerhalb der Sedimenthülle noch ein Bereich thermokatalytischer Hochtemperatur-Gasbildung aushalten, jedoch wäre eine solche Ausgliederung nicht exakt durch Hinweise belegt. Gegenwärtig gibt es keine hinreichenden empirischen Daten, die für die Bewertung des Ausmaßes der Gasbildung in diesen Tiefen oder deren Beitrag zur Lagerstättenbildung sowie für den Nachweis der die Gasbildung bewirkenden Prozesse geeignet sind.

Hier wäre eine Bildung von Kohlenwasserstoffgasen (insbesondere Methan) auf drei verschiedenen Wegen zulässig: fortschreitende Metamorphose der organischen Substanz, Cracken der Kohlenwasserstoffe der Erdölreihe sowie Methansynthese aus $H_2$ und CO nach der bekannten Reaktion von Fischer-Tropsch.

## Zusammenfassung

Die Isotopenzusammensetzung des Kohlenstoffs aus Kohlenwasserstoffen verschiedener Umwandlungszonen der organischen Substanz wird einer genaueren Betrachtung unterzogen. Danach läßt sich eine biochemische, eine Übergangs- und eine thermokatalytische Zone mit charakteristischem Isotopenbestand des im Methan enthaltenen Kohlenstoffs unterscheiden.
Ein Schema des vertikalen Zonings der Erdöl- und Erdgasgenese wird vorgestellt, in dem eine obere Zone der Gasbildung (Methanentstehung) dargestellt ist, die die biochemische und die Übergangszone 0 bis 1800 m) mit ihrem charakteristischen Reichtum an leichten Kohlenstoffisotopen beinhaltet; darunter folgt eine Zone der Erdöl- und Gasbildung, die mit der thermokatalytischen Zone der Umwandlung organischer Substanz übereinstimmt. (1,8 bis 6,0 km). In sehr großen Tiefen (6 bis 7 km und mehr) wird eine Zone thermokatalytischer Hochtemperaturgasbildung angenommen.

## Резюме

Изотопный состав углерода из углеводородов разных зон превращения органического вещества подвергается точным рассмотрением. Поэтому можно расличать биохимическую, переходную и термокаталитическую зоны с характерным составом изотопов содержащего в метане углерода. Представляется схема вертикальной зональности нефте-газового генезиса, в которой изображена верхняя зона образования газа (происхождение метана), содержащая биохимическую и переходную зоны превращения органического вещества (от 0 до 1800 м) с их характерным богатством легких углеродистых изотопов. Под этой зоной находится зона образования нефти и газа, которая совпадает с термокаталитической зоной превращения органического вещества (от 1,8 до 6,0 км). В очень больших глубинах (от 6 до 7 и более км) предпологается зона термокаталитического, высокотемпературного образования газа.

## Summary

From a more precise consideration of the isotopic composition of carbon in hydrocarbons of various zones of transformation of the organic matter results that a biochemical, transitional and thermocatalytic zone with characteristic isotopic composition can be distinguished of the carbon contained in methane. A scheme of the vertical zoning of oil and gas genesis is presented and shows an upper zone of gas formation (genesis of methane), which contains the biochemical and transitional zone of transformation of the organic matter (0 to 1,800 m) with its characteristic abundance of light carbon isotopes. Below it there follows a zone of oil and gas formation which conincides with the thermocatalytic zone of transformation of the organic matter (1.8 to 6.0 km). At very great depths (6 to 7 km and more) a zone of thermocatalytic high-temperature gas formation is supposed.

## Literatur

ALEXEJEW, F. A.; LEBEDEW, W. S.; KRYLOWA, T. A.: Zur Isotopenzusammensetzung des Kohlenstoffs natürlicher Kohlenwasserstoffe und einige Fragen ihrer Entstehung. — ONTI WNIIJAG, 219, Moskau 1967.

ALEXEJEW, F. A.; LEBEDEW, W. S.; KRYLOWA, T. A.: Zur Isotopenzusammensetzung des Kohlenstoffs gasförmiger Kohlenwasserstoffe und den Bildungsbedingungen von Erdgaslagern. — Sow. Geol., 40, 4, 35—47, Moskau 1972.

ALEXEJEW, F. A.; LEBEDEW, W. S.; OWSJANNIKOW, W. M.: Zur Isotopenzusammensetzung des Kohlenstoffs aus Erdgasen biochemischer Entstehung. — Isdat. Nedra, 87, Moskau 1973.

JEREMENKO, N. A.: Geologie von Erdöl und Erdgas. — Isdat. Nedra, 385, Moskau 1968.

JEWEZKAJA, E. A.; PETERSILIE, I. A.: Die Isotopenzusammensetzung der Kohlenwasserstoffgase auf der Kola-Halbinsel; IV. Allunionssymposium zur Geochemie stabiler Isotope, Thesen zu den Vorträgen. — Isdat. Geochim. AN SSSR, 155—157, Moskau 1972.

NERUTSCHEW, S. G.: Erdölbildende Horizonte und Migration des Erdöls. — Gostoptechisdat., 240, Leningrad 1969.

SOKOLOW, W. A.: Die Prozesse der Erdöl- und Erdgasgenese. Im Sammelband: Entstehung von Erdöl und Erdgas und Bildung von Erdöl- und Erdgaslagerstätten. — Isdat. Nedra, 16—39, Moskau 1972.

WASSOJEWITSCH, N. B.; KORTSCHAGINA, J. I.; LOPATIN, N. W.; TSCHERNYSCHEW, W. W.: Die Hauptphase der Erdölbildung. — West. Mosk. Univ., 6, 3—27, Moskau 1969.

WEBER, W. W.: Zur Ansammlung organischer Substanz in Sedimenten. In: Akkumulation und Umwandlung der organischen Stoffe in rezenten Meeressedimenten. — Gostoptechisdat, 339, Moskau 1964.

WOITOW, G. I.; LEBEDEW, W. S.: Über die Erdgase von Kriwoj Rog. — Dokl. AN SSSR, 196, 1, 199—202, Moskau 1971.

Zeitschrift für angewandte Geologie, Bd. 23 (1977), Heft 8



# Metasomatose und Erzbildung

Autorenkollektiv

Die Richtung der geologischen Erkundungsarbeiten der letzten Jahrzehnte war zunächst auf die Nebengesteinsveränderungen um die Erzkörper und erst später insgesamt auf die Metasomatose orientiert, da ohne ihre Kenntnis eine Beurteilung von Erzkörpern, der Genese von hydrothermalen Lagerstätten und schließlich der Natur der Erzbildung unmöglich sind. Das Studium der Metasomatose ging dabei von einzelnen Enthusiasten auf große wissenschaftliche Kollektive über und führte in der Sowjetunion schließlich zur Schaffung einer Lehre von der Metasomatose, deren anfallende, vielfältige Ergebnisse zu einer periodischen Summierung dieser Erkenntnisse führten. Sie begann im Jahre 1963 in Leningrad mit der wissenschaftlichen Allunionskonferenz über die Metasomatose und wurde in den Jahren 1966 und 1972 fortgesetzt. Das Material der letzteren Tagung, Gegenstand von 36 Aufsätzen des zu referierenden Sammelbands, verdeutlicht die intensive Entwicklung auf diesem Gebiet der Geologie und gleichzeitig die starke Differenzierung in einzelne Zweige. Neben der klassischen physikochemischen Richtung entstand frühzeitig ein Zweig, der die metasomatische Mineralbildung unter historisch-geologischem Aspekt betrachtet, d. h. in Abhängigkeit von ihrem Auftreten innerhalb einzelner geologischer Abschnitte der Erdgeschichte und verschiedenen Typen des geologischen Raums, wobei dem Zusammenhang der Metasomatose mit anderen geologischen Erscheinungen (Magmatismus, Metamorphose, Sedimentation) eine besondere Bedeutung zukommt. Die Anfänge dieser Richtung wurden bereits von LINDGREN gelegt.

Im ersten Hauptteil des Bandes wird deshalb eine historisch-geologische Analyse der metasomatischen Prozesse gegeben sowie einige Besonderheiten der Verbreitung von Metasomatiten in geologischen Zeiten und in verschiedenen Typen von geologischen Strukturen dargelegt. Die Autoren der einzelnen Aufsätze unterstreichen, daß diese Besonderheiten vor allem zyklische und gerichtete Erscheinungen des metasomatischen Prozesses in der Zeit widerspiegeln und die wichtigsten Besonderheiten der älteren metasomatischen Zyklen an die jüngeren vererbt werden. Die räumlichen Gesetzmäßigkeiten in der Verteilung der Metasomatite stellen eine Widerspiegelung der Quantitäten und Qualitäten im Vorkommen von Metasomatiten in den geostrukturellen Zonen oder einzelnen Teilen dieser Zonen dar. Verschiedene geostrukturelle Zonen sind dabei durch besondere Arten des Zusammenhangs von Metasomatose, Magmatismus und Metamorphose gekennzeichnet.

KASIZYN & LANDA („Die historisch-geologische Richtung in der Lehre von der Metasomatose") betonen, daß das Auftreten einer typischen Gruppe von metasomatischen Formationen in jeder geologischen Epoche der Ausdruck einer allgemeinen Entwicklungstendenz ist. So ist für das Archäozoikum und Proterozoikum insbesondere die Si-Alkali-Metasomatose charakteristisch (daneben Fe—Mg-Metasomatite und Magnesiaskarne), im Paläozoikum — Skarne, im Spätpaläozoikum bis Mesozoikum — Greisen, im Mesozoikum — Oxetalithe[1]), im Känozoikum — Propylite, sekundäre Quarzite und Argillite und in rezenter Zeit — Opalite, Travertine und Adularite. Folglich kann auch eine Entwicklungsreihe der metasomatischen Formationen von den ältesten bis zu den jüngsten geologischen Epochen aufgestellt werden (mit abnehmender Teufe der Formationen): Produkte metasomatischer Granitisierung — Magnesiaskarne — Kalkskarne — Greisen — Oxetalithe — sekundäre Quarzite — Propylite — Argillisite — Apoargillisite, Opalite.

Dabei entstanden in jeder geologischen Epoche praktisch alle bekannten metasomatischen Glieder, aber ihre relative Verbreitung ist in jeder Epoche unterschiedlich. Außerdem bestehen quantitative Unterschiede im Mineralbestand, der Bildungslage sowie den paragenetischen Zusammenhängen mit den Magmatiten und Metamorphiten. Wie jeder andere geologische Prozeß besitzt auch der metasomatische Zyklus einen zyklisch-wellenartigen Charakter und hat ein progressives Frühstadium (maximal hohe Temperaturen im Zusammenhang mit magmatischen bzw. ultrametamorphen Prozessen, große Mächtigkeit der Innenzonen gegenüber den äußeren Zonen, Verarmung an Erzsubstanzen gegenüber dem Edukt, Prozesse automatasomatischen Charakters) und ein regressives Spätstadium (fallende Temperaturen im abklingenden metasomatischen Zyklus, große Mächtigkeit der äußeren Zonen, oftmals zonale Metasomatite, Anhäufung von Erzelementen). Die Beziehungen der Stadien im Inneren des Zyklus hängen dabei von der Zeit ihres Auftretens ab. In den ältesten geologischen Epochen tritt deutlich ein progressiver und reduzierter regressiver Charakter des metasomatischen Zyklus in Erscheinung. In den jüngeren geologischen Epochen bekommt dagegen der regressive Charakter eine große Bedeutung, während das progressive Stadium zurücktritt.

Gleichzeitig versuchen KASIZYN & LANDA die qualitativen und quantitativen Unterschiede des metasomatischen Prozesses in verschiedenen geologischen Räumen zu bestimmen und eine geologisch-strukturelle Typisierung und Klassifizierung der Metasomatite vorzunehmen. So besitzen in phanerozoischen Faltengebieten die Metasomatite eine regionale Verbreitung. Es gibt gürtelartige Vorkommen, zahlreiche metasomatische Typen und eine Vielfalt genetischer und paragenetischer Zusammenhänge mit anderen geologischen Bildungen (magmatisch, metamorph, sedimentär). Für alte Tafeln ist ein lokales Auftreten von Metasomatiten, hochtemperierten Stadien der Metasomatite und eine Verbindung mit ultrametasomatischen (metamagmatisch nach KORSHINSKIJ) Prozessen typisch. In Schilden und im Fundament alter Tafeln ist ein enger Zusammenhang der Metasomatite mit der Metamorphose und demzufolge eine regionale Verbreitung der Metasomatite zu verzeichnen. Der progressive Charakter des metasomatischen Zyklus überwiegt. In Aktivierungsgebieten ist eine weite Verbreitung von apovulkanitischen Metasomatiten (Prophylite, sekundäre Quarzite, Argillisite) typisch. Der autoformationelle Typ von Metasomatiten herrscht vor.

SHDANOW („Die Metasomatose und Erzbildung in der krustalen Granitschicht") zeigt, daß bei der metasomati-

---

Verlag „Nedra", 280 S., 4 Abb., 39 Tab., Moskau 1975 (Redaktion J. W. KASIZYN).

Referat: W. BEYER, Schneeberg.

[1]) Oxetalithe sind erznahe Metasomatite (Turmalin-Chlorit-Metasomatite, Beresite und Gumbeite) von mitteltemperierten Lagerstätten, die mit Granitoidmagmatismus zusammenhängen.

schen Umbildung der oberen Krustenteile eine bestimmte vertikale Zonalität auftritt:

1. untere Zone der Si-Alkali-Metasomatose: Formation metasomatischer und rheomorpher Granitoide ohne bedeutende Erzkonzentrationen;

2. untere Zone der Basifizierung: Formation regionaler Skarne (Pyroxenskarne mit Scheelit, Skarnoide mit eventuellen Fe- und Cu—Ni-Sulfiden);

3. obere Zone der Si-Alkali-Metasomatose: Formation der Alkalimetasomatite tieferer Bruchzonen (hochtemperierte Mikroklinite und niedrigtemperierte Erzalbitite);

4. obere Zone der Basifizierung: Formation der Quarz-Sulfat-Karbonat-Gesteine, oft mit polymetallischer Vererzung.

Nach dem Autor sind vermutlich nur jene Granitoidintrusionen potentiell erzführend, deren Schmelze bei der Intrusion durch die Zone der Basifizierung oder Alkalimetasomatose hindurchging. Die Formationsgruppe der Skarne, Alkalimetasomatite und Quarz-Sulfat-Karbonat-Gesteine bildet das untere metasomatische Niveau der Erzgenese. Während der Entwicklung des Granitoidmagmatismus entsteht eine Regeneration der Erzkonzentrationen des unteren Niveaus und eine Umlagerung in höhere Strukturzonen, wo das obere „magmatogene" Niveau der Erzgenese gebildet wird. Das untere Niveau der Erzgenese besitzt in tieferodierten Gebieten hinsichtlich einer Vererzung die meisten Perspektiven. Deshalb muß nach den Autoren die Suche in präkambrischen Strukturen vorwiegend auf Bildungen orientiert werden, die mit dem unteren metasomatischen Niveau zusammenhängen.

Im allgemeinen werden die metasomatischen Veränderungen vorwiegend in Zusammenhang mit hypogenen Prozessen betrachtet. Im vorliegenden Sammelband unternimmt BRONEWOI („Die Metasomatite in der Zone der Hypergenese") erstmals den Versuch, die Rolle der metasomatischen Bildungen in der hypergenetischen Zone einzuschätzen. Es zeigt sich nämlich, daß die Bildung der Verwitterungskrusten, insbesondere die Bildung der Bauxite, den gleichen Besonderheiten unterliegt, wie sie auch die metasomatischen Prozesse unter hypogenen Bedingungen zeigen. Anhand des lateritischen Verwitterungsprofils wird dargelegt, daß es sich hierbei um einen Typ von hypergenen metasomatischen Bildungen handelt. Diese Tatsachen sind von hohem wissenschaftlichen Wert, denn einerseits werden neue Wege zur besseren Erkennung des Bildungsmechanismus von Verwitterungskrusten geschaffen und andererseits können die Erkenntnisse über die metasomatische Zonalität weiter vertieft werden. Unter diesem Aspekt sind auch die hypergenen Prozesse und die metasomatische Umbildung in rezenten Gebieten einer solfatarisch-fumarolischen Tätigkeit ein Studienobjekt, dessen Kenntnis wertvolle wissenschaftliche Ergebnisse hervorbringen kann.

Neben den metasomatischen Zonen um die Erzkörper ist die Existenz von metasomatischen Bildungen in regionaler Verbreitung in den letzten Jahrzehnten immer mehr bekannt geworden. PLJUSCHTSCHEW & USCHAKOW („Die Formationsanalyse der Metasomatite auf der Grundlage der Konzeption über das Organisationsniveau der Stoffe") beschäftigen sich in einer interessanten Arbeit mit diesem Problemkreis, dabei wird zunächst die Frage der Elemente von metasomatischen Formationen beleuchtet. Ausgehend vom Begriff der Mineralparagenese[2]) wird anstelle des Terminus „Metasomatit" für derartige sekundäre Paragenesen der Terminus „epigenetisches Gestein" oder „Epigestein" eingeführt und „als statistisch stabile Assoziation neugebildeter Minerale in einer allgemeinen Struktur" bestimmt. Diese Epigesteine sind nach der Konzeption über das Organisationsniveau der Stoffe einheitliche und mögliche Elemente der metasomatischen Gesteinsgruppe. Nach dem Autor kann der Begriff „Metasomatit" infolge seiner hohen mineralogischen Komplexität nur in lokaler Verbreitung angewendet werden. In Kasachstan wurden auf einer Fläche von 25000 km² die Epigesteine kartiert. Sie fallen räumlich mit den Konturen der Ausgangsgesteine mehr oder weniger deutlich zusammen. Ein Studium der räumlichen Verhältnisse der Epigesteine führte zur Feststellung einer regionalen metasomatischen Zonalität, die neben deren Bildungsfolge und relativen Größe einer der wichtigsten Komponenten der Struktur metasomatischer Bildungen ist. Die ausgehaltenen Gesteinskörper besitzen in regionaler Verbreitung bestimmte Zonalitätsreihen (z. B. sekundäre Quarzite — Beresite — Propylite), die einen räumlichen Wechsel der Transportwege der Lösungen und der Metasomatose verkörpern. Die metasomatischen Gesteine sind polyformationell und charakterisieren bestimmte thermodynamische Bildungsbedingungen, während die einzelnen Elemente der genannten Bildungen im wesentlichen monofaziell sind (Epigesteine). Die Grenzen der Epigesteine innerhalb der metasomatischen Folgen werden als fazielle Grenzen angesehen, da Erzkonzentrationen oftmals sich in diesen Grenzen halten. Anhand der metasomatischen Bildungen konnte im untersuchten Gebiet eine metallogenetische Spezialisierung bestimmter Typen ausgehalten werden.

In weiteren Aufsätzen wird die Zonalität erznaher Metasomatite unter verschiedenen Gesichtspunkten betrachtet und die erzkontrollierende Bedeutung der Metasomatite behandelt. Die metasomatische Zonalität erznaher Metasomatite wird dabei traditionell durch Beispiele einiger hydrothermaler Lagerstätten charakterisiert. Besonderes Interesse verdient hier die Beschreibung des Aufbaus der metasomatischen Säulen im Allaretschinsker Cu—Ni-Erzfeld (KOTSCHNEW, PERWUCHOW, SAK u. a. — „Die metasomatische Zonalität und Erzbildung im Allaretschinsker Ni-führenden Gebiet"). Ihre Analyse führt zu der Schlußfolgerung, daß das Wasser als chemische Komponente in einzelnen Zonen eine begrenzte Mobilität aufweist, d. h. eine „Defizit"-Komponente war.

In zahlreichen Aufsätzen wird die Zonalität als typisches Merkmal für die Klassifikation der metasomatischen Formationen betrachtet, d. h. als Element, das ihre Struktur bestimmt. So werden in der Arbeit von RUNDKWIST & PAWLOWA („Die Bedeutung der Zonalität hydrothermal veränderter Gesteine für die Abtrennung metasomatischer Formationen") insgesamt deren 14 ausgehalten, wobei erwähnt werden muß, daß es sich bei der vorgeschlagenen Klassifizierung um eine von vielen handelt, die demzufolge ihre Probleme in sich birgt. Nach strukturell-stofflichen Merkmalen werden von den Autoren folgende hydrothermal-metasomatischen Formationen unterschieden: Greisen (in sauren bis ultrasauren Gesteinen), Karbonatite (in Alkali-Ultrabasiten), Kalkskarne, Serpentinite (in Ultrabasiten), sekundäre Quarzite, Argillisite, Turmalin-Albit-Chlorit-Metasomatite (in Zinnerzgebieten, z. B. Primorje), Gumbeite (Quarz-(Serizit)-Kalifeldspat-Metasomatite, z. B. in Scheelitlagerstätten im Ural), Beresite, Prophylite, Oxetalithe, Feldspatolithe (in alkalischen Granitoiden), Fenite (in Nephelin-Alkalisyeniten und Alkaligabbroiden) und metasomatische Amphibolite (in der Dunit-Pyroxenit-Gabbro-Formation). Die deutlichsten Zusammenhänge der genannten Metasomatite bestehen zu Intrusivbildungen. Oftmals kann auch mit einer

[2]) Die Mineralparagenese ist nach der Konzeption über das Organisationsniveau der Stoffe „ein natürlicher Stoff, der aus Elementen monomineralischer Körner besteht, die in gleichartigen strukturellen Verhältnissen auftreten" (WASILJEW, DRAGUNOW & RUNDKWIST 1972) (d. Ref.).

Überlagerung gerechnet werden, wie z. B. in Karelien (Skarne, Greisen, Feldspatolithe) oder Kounrad/Kasachstan (Argillisite, sekundäre Quarzite).
In einigen Aufsätzen wird die erzkontrollierende Bedeutung der Metasomatite hinsichtlich einzelner Bodenschätze zu bestimmten metasomatischen Vorgängen näher beleuchtet. Bei der Behandlung dieser Frage erhält die Mobilisierung und Ablagerung von Erzsubstanzen während des Wechsels vom progressiven zum regressiven Stadium des metasomatischen Prozesses als eine Grundlage der metallogenetischen Prognostizierung eine entsprechende Würdigung. Der theoretischen Fragen gewidmete Abschnitt des vorliegenden Sammelbands enthält Aufsätze über eine Reihe von neueren Vorstellungen. Die kristallchemische Richtung bei der Untersuchung der Metasomatose hinsichtlich des Verdrängungsmechanismus ist von hoher Bedeutung, aber noch wenig untersucht. IZIKSON & KUTYREWA („Der Zusammenhang zwischen struktureller Kompression — Dilatation und Zusammensetzung der Fe—Mg-Glimmer") weisen darauf hin, daß die Veränderungen der Gitterabstände im Kristallgitter bei einer Änderung der petrochemischen, geochemischen, physikalischen u. a. Mineraleigenschaften eine gerichtete Tendenz widerspiegeln. Eine Analyse der Veränderungen der geodynamischen Faktoren, die die Gitterabstände im Kristallgitter entscheidend beeinflussen können, eröffnen neue Wege zur Kenntnis der geochemischen Spezialisierung und Metallogenie konkreter Gebiete. Auch das Problem der Anwendung der Phasenregel bei metasomatischen Systemen (LANDA: „Metasomatische Systeme und Phasenregel") und eine statistische Methode zur Einschätzung der Mobilität der Komponenten (DAWIDENKO) werden behandelt.
Insgesamt vermittelt der vorliegende Sammelband wesentliche Impulse zur Erkennung der Besonderheiten bei der Bildung hydrothermaler Vererzungen und der Metasomatose und interessiert zweifellos einen breiten Kreis von Wissenschaftlern und Praktikern auf dem Gebiet der Geologie und Lagerstättensuche endogener Vererzungen.

# Zur Methodik mikrophotometrischer Untersuchungen an dispers verteilten organischen Substanzen zur Bestimmung des Diagenesegrads von Sedimenten

PREUSS, B.; GINDORF, L.; WINTRICH, H., Freiberg

(Sektionsveröffentlichung Nr. 531 der Bergakademie Freiberg, Sektion Geowissenschaften, WB Erdöl, Erdgas und Kohlen)

## 1. Einleitung

Bei der Suche nach weiteren Lagerstätten flüssiger bzw. gasförmiger Kohlenwasserstoffe zeichnet sich international die Tendenz ab, immer tiefere Bereiche der Erdkruste zu erschließen. Mit zunehmender Teufe der Bohrungen steigen jedoch zwangsläufig der technische und der finanzielle Aufwand. Deshalb ergibt sich notwendigerweise die Forderung nach erhöhten Aussagefähigkeiten der angewendeten Methoden. Im besonderen Maße trifft das auf die Inkohlungsuntersuchungen zu, die im Verlaufe der letzten Jahre zunehmend an Bedeutung gewannen.
Bereits 1863 wies ROGERS auf Beziehungen zwischen dem Inkohlungsgrad von Steinkohlenflözen und dem Vorkommen von Erdöl in Pennsylvanien hin. WHITE (1915, 1935) griff diese Gedanken auf und konnte sie bestätigen. Auf diesen Ergebnissen beruht die „Carbon-Ratio-Theory". Danach sind wirtschaftlich bedeutsame Erdöllagerstätten nur in solchen Gebieten zu erwarten, in denen Kohlenflöze noch keinen hohen Metamorphosezustand erreicht haben. Im kohlenpetrographischen Sinne heißt das, das Gasflammkohlen-Stadium (mit ca. 35% Flüchtigen Bestandteilen$_{waf}$) darf noch nicht überschritten sein.
Die Gültigkeit der „Carbon-Ratio-Theory" bestätigte sich seither in vielen Lagerstättengebieten der Welt, so z. B. in Texas und Oklahoma (Fuller 1919, 1920), im Norden der BRD (M. & R. TEICHMÜLLER 1950, 1958), in Venezuela (KUYL u. a. 1955), in Sibirien (WYSCHEMIRSKYJ 1958, 1959), im Doneczk-Becken (KOSLOW 1958) sowie im Ural-Wolga-Gebiet, am Nordkaukasus (AMMOSOW 1961), in der Sahara (CORREIA 1967) und auch im Norden der DDR.
Durch zielgerichtete Untersuchungen gelang es, Zusammenhänge zwischen dem Inkohlungszustand von Sedimenten und möglicherweise zu erwartenden Erdgaslagerstätten zu erkennen. Abb. 1 widerspiegelt einige wichtige Arbeiten zum heutigen Kenntnisstand über die Beziehungen zwischen dem Inkohlungsgrad von Sedimenten und dem möglichen Vorkommen von flüssigen und gasförmigen Kohlenwasserstoffen. Dadurch wird die bereits bekannte Beziehung erhärtet, wonach in Gebieten mit geringer Inkohlung nutzbare Lagerstätten von Erdöl hingegen in Bereichen höherer Inkohlung wirtschaftlich verwertbare Lagerstätten von Erdgas angetroffen werden können. Aus dieser Darstellung ergibt sich ein Bereich (Abb. 2), dessen Höffigkeit von den verschiedenen Autoren unterschiedlich eingestuft wurde. Dieses „Übergangsfeld" zwischen möglicher Erdgas- bzw. Erdölführung wird durch folgende Grenzwerte eingeengt.: ca. 25···33% Fl. B.$_{waf}$ und etwa 0,95···1,5% Reflexion$_{Öl}$. Ausgehend von der Wichtigkeit, die die verschiedenen Methoden zur Erkennung des Inkohlungszustandes besitzen, sollen diese nachfolgend betrachtet werden. Es handelt sich dabei um folgende Methoden:

1. Inkohlungsuntersuchungen herkömmlicher Art;
2. Inkohlungsuntersuchungen an dispers verteilten, organischen Substanzen — Reflexionsmessungen und damit verbundene Probleme;
3. Die Sicherung der mikrophotometrisch erhaltenen Reflexionsergebnisse durch Fluoreszenzmessung und die selektive Oxydation der Kerogene.

## 2. Inkohlungsuntersuchungen herkömmlicher Art

Inkohlungsuntersuchungen herkömmlicher Art beruhen auf der Bestimmung des Kohlenstoffgehalts (TGL 14479) und der Ermittlung der flüchtigen Bestandteile (TGL 14478). In früherer Zeit wurde dazu die Gesamtkohle herangezogen. Das hat sich jedoch als nicht vorteilhaft erwiesen. Aussagekräftigere Resultate werden vielmehr erhalten, wenn lediglich der glänzende Lithotyp der Steinkohlen, der Vitrain, für derartige Inkohlungsgrad-Untersuchungen benutzt wird (I. L. K. 1971). Dazu ist der Vitrain manuell aus den Proben herauszulösen und unter einem Stereomikroskop auf Reinheit zu prüfen.
Dieses Verfahren bewies seine Aussagekraft in vielfältiger Weise und wurde bzw. wird vorzugsweise für kokereitechnische Belange eingesetzt.
Bei Erdöl-Erdgas-Erkundungsbohrungen werden jedoch Kohlenflöze, die für die oben skizzierten chemisch-physikalischen Inkohlungsgrad-Untersuchungen herkömmlicher Art notwendig sind, nur relativ selten angetroffen. Deshalb wurde nach Möglichkeiten gesucht, um den Diagenesezustand der Sedimente auf andere Weise ermitteln zu können.

Eingang des Manuskripts in der Redaktion: 11. 6. 1976.
Vortrag zur Tagung „Geochemie sedimentärer und diagenetischer Prozesse", Saßnitz, Oktober 1975.

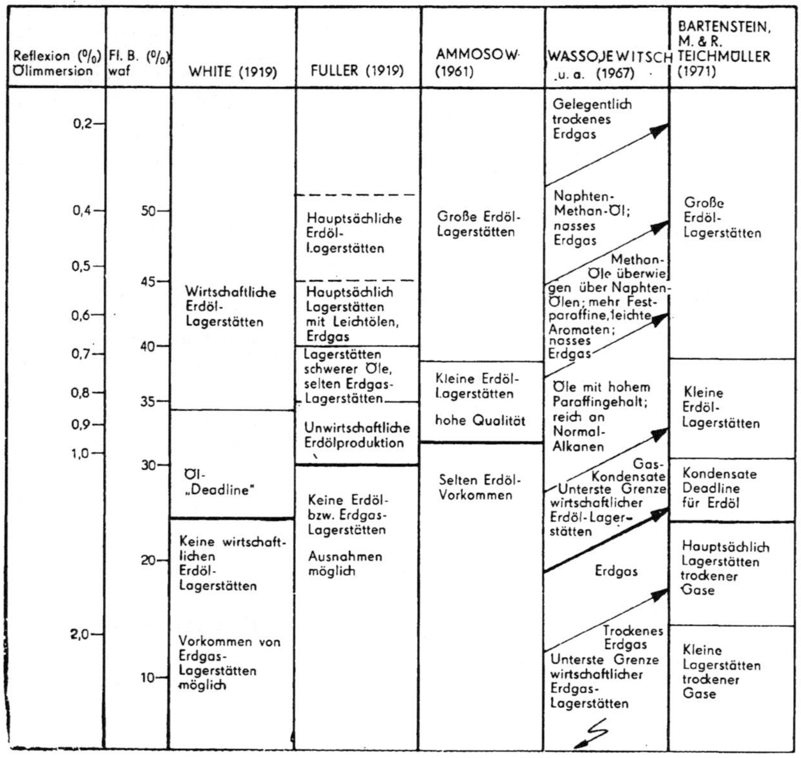


Abb. 1. Beziehungen zwischen Inkohlungsgrad und dem Vorkommen von Kohlenwasserstoffen

Nach BOSTICK & DAMBERGER (1971), aus BARTENSTEIN & TEICHMÜLLER (1974) (gekürzt)

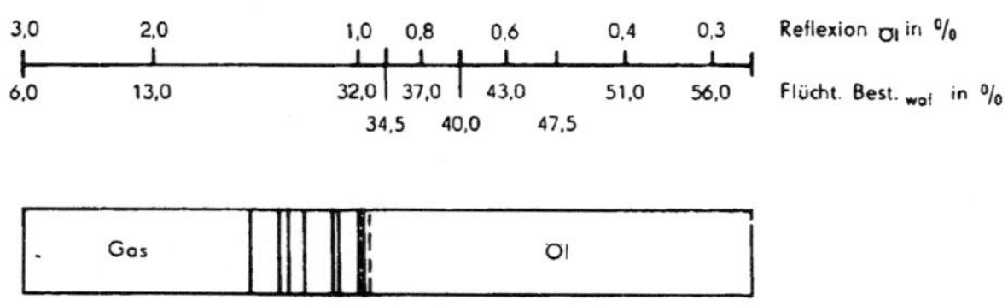


Abb. 2. Übergangsfeld zwischen möglicher wirtschaftlicher Erdöl- bzw. Erdgaslagerstättenführung nach verschiedenen Autoren

## 3. Inkohlungsuntersuchungen an dispers verteilten, organischen Substanzen — Reflexionsmessungen und damit verbundene Probleme

Als ebenso empfindliche Indikatoren für die thermische Beanspruchung von Sedimentgesteinen wie die Kohlen erwiesen sich die darin dispers verteilten organischen Substanzen (M. TEICHMÜLLER 1970, MEINHOLD u. a. 1975). Diese Partikel besitzen Größen von oft nur wenigen tausendstel Millimetern und eine überaus große Formenvielfalt. Nach ihrer Herkunft können sie sowohl huminitischer als auch sapropelitischer Art sein. Wegen ihrer Kleinheit können die dispers verteilten organischen Partikel nicht manuell aus Sedimentgesteinen isoliert werden. Es gelang aber, Konzentrate hiervon durch die chemische Auflösung der anorganischen Matrix (M. TEICHMÜLLER 1970) bzw. mittels Flotationsverfahren zu gewinnen.

Bei sämtlichen Anreicherungsverfahren, die auf der Anwendung chemischer Reagenzien beruhen, sind unkontrollierbare Veränderungen der zu untersuchenden Partikel nicht prinzipiell auszuschließen. Der Inkohlungsgrad kann dadurch scheinbar erhöht oder erniedrigt werden.

Aus kohlenpetrographischer Sicht erscheint es deshalb am sinnvollsten, Inkohlungsuntersuchungen an unveränderten dispers verteilten organischen Substanzen, d. h. an polierten Anschliffen, auszuführen. Auf diese Weise ist es am ehesten möglich, den unverfälschten Diagenesezustand der Sedimentgesteine zu ermitteln, um daraus entsprechende Alternativen für die Erkundung von Erdöl- und Erdgas-Lagerstätten abzuleiten.

Derartige Untersuchungen an unveränderten organischen Substanzen sind grundsätzlich sowohl mit chemischen als auch mit physikalischen Methoden durchführbar (MEINHOLD u. a. 1975). Bei den physikalischen Verfahren bewährten sich seit Jahren mikrophotometrische Reflexionsmessungen.

Dieses Meßverfahren beruht auf den grundlegenden physikalischen Untersuchungen von BEREK (1937) und wurde von MC CARTNEY & HOFER (1955) zu einer objektiv wirkenden kohlenpetrologischen Methode weiterentwickelt. Nach erstmaliger Anwendung auf Kohlen durch KÖTTER (1960) und technischen Verbesserungen von PICKHARDT & ROBOCK (1965) kann dieses Verfahren nunmehr als ausgereift bezeichnet werden (ILK 1971) und ist als standardisierte Methode anwendbar (GOST 12113-66; ASTM D 2798-69; ČSN 441346; BB 22020 Bl. 5, 6; RGW- und ISO-Normen in Vorbereitung).

#### Zum Problem des Vergleichs der mikrophotometrisch erhaltenen Reflexionswerte mit chemisch erhaltenen Inkohlungs-Ergebnissen

Seit der praktischen Anwendung der mikrophotometrischen Reflexionsmessungen besteht ein wesentliches Teilproblem darin, diese Resultate mit anderen, z. B. auf chemischem Wege erhaltenen Ergebnissen zu konnektieren. Bei Flözkohlen ergeben sich dabei keine prinzipiellen Schwierigkeiten, während ein Vergleich der Reflexionsergebnisse der dispers verteilten organischen Substanzen mit anderen Inkohlungsgrad-Untersuchungen lediglich auf Analogieschlüssen beruht. Die erste Umrechnungs- oder Eichkurve mit den Parametern Reflexion, Flüchtige Bestandteile und Kohlenstoffgehalt der untersuchten Flözkohlen geht auf KÖTTER (1960) zurück. Seither wurden eine Vielzahl Eichkurven aus Europa, den USA und Australien bekannt. Daraus leitete sich die Aufgabe ab zu versuchen, eine allgemeingültige Mittelwertskurve mit den Parametern Reflexion und Flüchtige Bestandteile zu konstruieren.

Aus methodischer Sicht waren dabei vor allem drei Fragenkomplexe zu berücksichtigen:

a) die Durchführung von chemischen Untersuchungen an möglichst reinen Vitrain-Konzentraten,

b) die Bezugnahme auf gleiche Versuchsbedingungen (DUHAMEAU 1968) sowie

c) die Genauigkeit und Reproduzierbarkeit der reflexionsoptischen Messungen.

Auf der Auswertung der bisher veröffentlichten 20 Eichkurven beruht Abb. 3. Bei der Konstruktion dieser Darstellung ergaben sich zwar gewisse Abweichungen der Einzelkurven voneinander, jedoch spiegelt sich der generelle Trend zwischen Reflexion und Flüchtigen Bestandteilen in jeder dieser Kurven im gleichen Sinne und innerhalb enger Grenzen wider. Berücksichtigt man darüber hinaus die unvermeidbaren Einflüsse (wie z. B. unterschiedliche Polierqualität der Anschliffe, Reproduzierbarkeit sowie Genauigkeit der Reflexionsmessungen, individuell sowie geräteseitig bedingte Faktoren usw.), so erscheint es gerechtfertigt, diese neue Eichkurve (Abb. 4) als wissenschaftlich hinreichend gesichert anzusehen und zur Diskussion zu stellen.

Nach unserem Erachten kann damit auch die von LENSCH (1963) betonte Spezifik der Eichbeziehungen für verschiedene regional-geologische Einheiten als unwesentlich eingeschätzt werden. Auf der Grundlage dieser Überlegungen wurde die o. a. neue Eichkurve konstruiert, woraus sich eine Tabelle zur Umrechnung der Reflexionswerte in Flüchtige Bestandteile ergab, die sich weitestgehend mit den Angaben der Internationalen Klassifikation der Steinkohlen (TGL 14474) deckt.

Da bei den Untersuchungen von Gesteinsproben unter dem Mikroskop des öfteren nicht nur Partikel der Vitrinit-

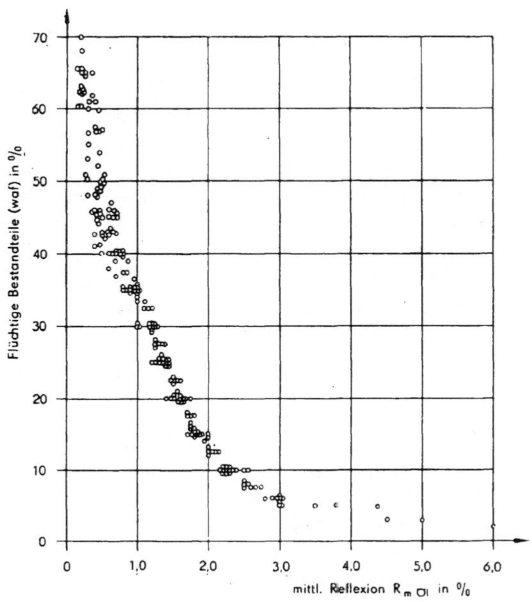


Abb. 3. Zusammenstellung bekannter Umrechnungskurven Reflexion (Ölimmersion) (%) — Flüchtige Bestande (%).

Die Kurven entstammen den folgenden Veröffentlichungen: Soós (1964, S. 13); PICKHARDT & ROBOCK (1965, Abb. 10, S. 48); ALPERN (1969, Abb. 2); NOËL (1969, Abb. 4); ALPERN, BOUROZ u. a. (1970, Abb. 5, S. 214); Anonymus: Coal Research in CSIRO (1970) No. 41; ALPERN (1970, Abb. 1, S. 1240); I. L. K. (1971, Blatt Rang); MC CARTNEY & M. TEICHMÜLLER (1971).

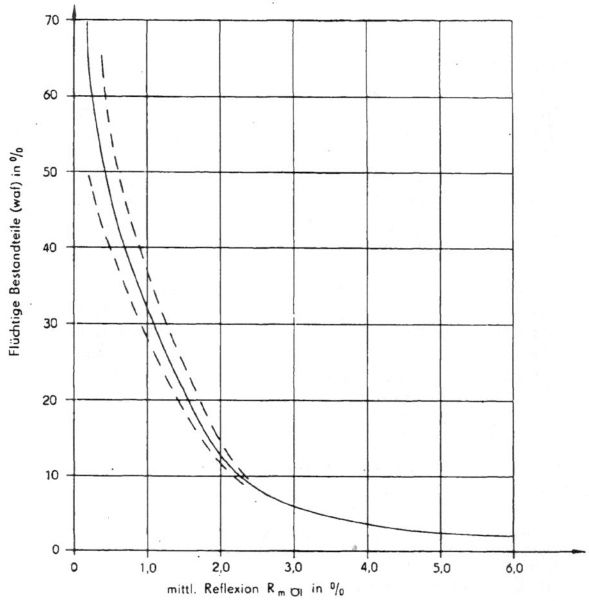


Abb. 4. Verallgemeinerte Kurve zur Umrechnung der Inkohlungsparameter, Reflexionsvermögen des Vitrinits und Flüchtige Bestandteile

gruppe zu beobachten sind, sondern oft auch zur Exinit-(Liptinit-)gruppe gehörende Substanzen, sind die bisher bekannten internationalen Erfahrungen zum Vergleich von Vitrinit- und Exinitreflektanzen zusammengefaßt worden (Abb. 5). In diese Abbildung sind auch Werte aufgenommen, die früher mittels Berek-Spaltmikrophotometern gemessen wurden. Die hier vorgestellten Beziehungen können unseres Erachtens für eine Diageneseauswertung exinitischer Substanzen herangezogen werden.

### Zum Problem der Eichstandards

Die für mikrophotometrische Messungen üblichen, prismatischen Eichstandards (KÖTTER 1960, I. L. K. 1971) können die Ergebnisse der Reflexionsmessungen entscheidend beeinflussen.

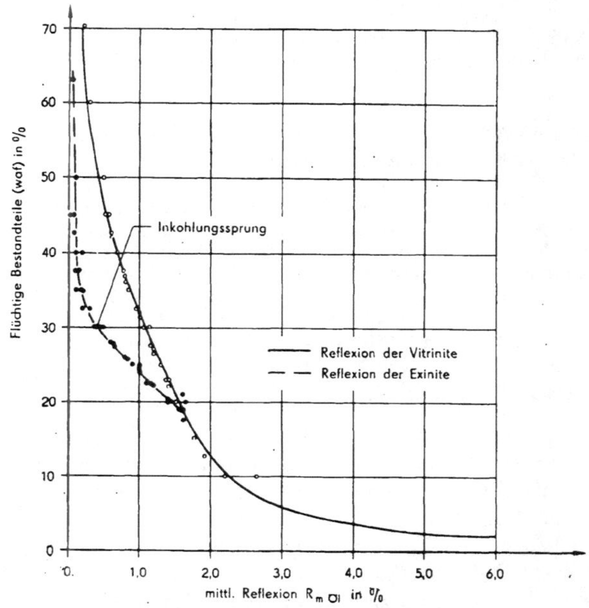


Abb. 5. Verallgemeinerte Kurve zur Umrechnung der Inkohlungsparameter Reflexionsvermögen des Vitrinits, Reflexionsvermögen des Exinits und flüchtige Bestandteile

Es erwies sich als zweckmäßig, für genaue Reflexionsmessungen nicht nur einen einzigen, sondern wenigstens zwei unterschiedlich hoch reflektierende Eichstandards zu benutzen (DE VRIES u. a. 1968, I. L. K. 1971). Auf diese Weise kann gleichzeitig die Linearität des Anzeige-Instruments überprüft werden.
Hochreflektierende Glasprismen (spezielle Schwerflint-Glassorten, siehe DE VRIES u. a. 1968; PREUSZ 1969) zeigten bald Oberflächenschäden, sie „verwitterten“ und wurden damit als Eichnormale unbrauchbar. Relativ gute Langzeitresistenz besitzen hingegen Eichnormale aus SiC (Siliziumcarborundum) Leukosaphir sowie auch aus verhältnismäßig gering reflektierenden Gläsern (z. B. aus der Glassorte SF 4 des VEB Schott/Jena).
Soweit bekannt, bestehen z. Z. keine Möglichkeiten, Reflexionsstandards unter physikalischen Normalbedingungen amtlich eichen zu lassen. Aus diesem Grunde erwiesen sich die seit mehreren Jahren innerhalb der International Commission for Coal Petrology (ICCP) üblichen Ringanalysen an verschiedenen Probenmaterialien und zwischen den Laboratorien mehrerer Länder als vorteilhaft.

#### Zum subjektiven Faktor bei den mikrophotometrischen Reflexionsmessungen

Die Aussagefähigkeit und Verläßlichkeit der reflexionsphotometrisch erhaltenen Ergebnisse hängt — wie bereits angedeutet — von vielen Faktoren ab. Im Zusammenhang mit der Bearbeitung von Proben supertiefer Bohrungen war deshalb der subjektive Faktor der mikrophotometrischen Reflexionsmessungen besonderen Prüfungen zu unterziehen. Hinzu kam, daß in den Schleiflabors der Sektion Geowissenschaften Anschliffe nach unterschiedlichen Verfahren hergestellt werden. Diese Unterschiede beziehen sich sowohl auf die Maschinentypen als auch auf die verwendeten Poliermittel.
Zur Prüfung der subjektiven Einflüsse auf die Ergebnisse der mikrophotometrischen Reflexionsmessungen wurden deshalb mehrmals Versuchsreihen von denselben Proben (Kohlen und Sedimente) unter den jeweils gegebenen Bedingungen durchgeführt und von mehreren Bearbeitern unabhängig voneinander untersucht. Aus diesen Untersuchungen ergab sich zusammengefaßt:

- Die Abweichungen der Ergebnisse verschiedener Bearbeiter waren verhältnismäßig geringfügig.
- Die Notwendigkeit einer sehr gewissenhaften Schleifarbeit mit abschließender Politur mit Diamantpaste von schmalem Körnungsband.
- Die Notwendigkeit, derartige Untersuchungen wenigstens innerhalb eines Laboratoriums oder besser innerhalb mehrerer Untersuchungsstellen in gewissen Abständen zu wiederholen.

## 4. Zur Sicherung der reflexionsphotometrisch erhaltenen Ergebnisse durch andere Methoden

Reflexionsphotometrisch erhaltene Ergebnisse von Flözkohlen können, wie bereits ausgeführt, durch chemisch-physikalische Untersuchungen überprüft werden. Diese Möglichkeit besteht bei Reflexionsmessungen an dispers verteilten, organischen Substanzen nicht unmittelbar. Deshalb war und ist es vorteilhaft, weitere Methoden anzuwenden, die die Gültigkeit der Reflexionsergebnisse sichern helfen.

#### Messungen der Fluoreszenz-Intensität

In letzter Zeit erwiesen sich Messungen der Fluoreszenz-Intensität an fossilen Pollen und Sporen als brauchbares Verfahren zur Ergänzung der reflexionsphotometrisch erhaltenen Ergebnisse.
Nach den entscheidenden technischen Verbesserungen, die STACH (1968) und PLOEM (1969) an der herkömmlichen Methode der fluoreszenzmikroskopischen Untersuchungen vornahmen, gelang es zunächst JACOB (1969) und später ALPERN u. a. (1972), qualitative Beziehungen zwischen der

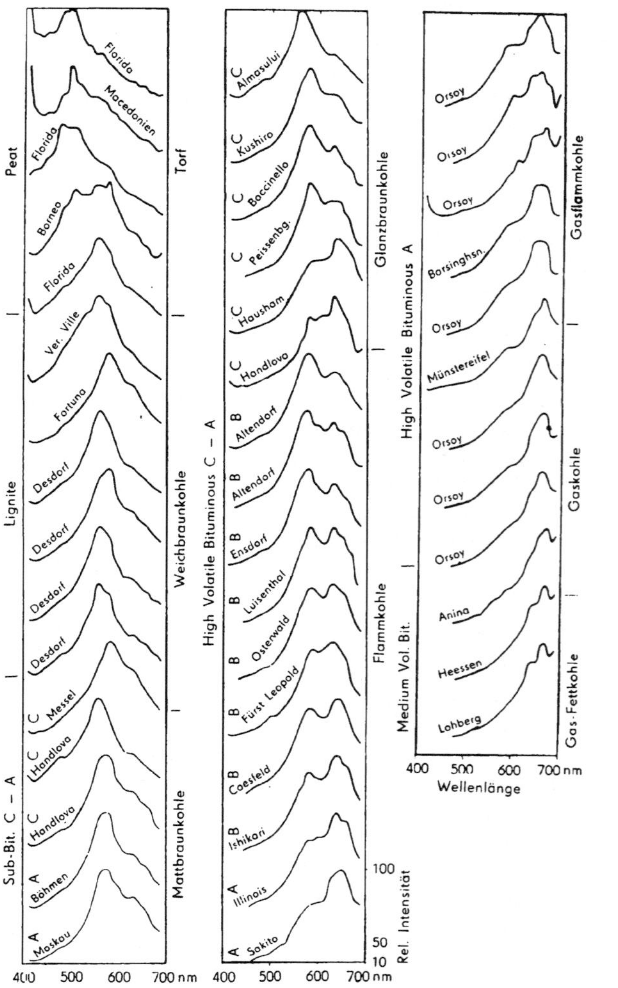


Abb. 6. Relationen zwischen Reflexionsvermögen und Fluoreszenz-Intensität bestimmter Gefügebestandteile der Mineralgruppe des Liptinits
(nach OTTENJANN, TEICHMÜLLER & WOLF 1974)

Fluoreszenzintensität bestimmter Gefügebestandteile (der Mageralgruppe des Liptinits) und deren Reflexionsvermögen festzustellen. VAN GIJZEL (1973) konnte diese Zusammenhänge der umgekehrten Proportionalität zwischen Reflexions- und Fluoreszenz-Intensitätswerten an mazerierten fossilen Sporen und Pollen ebenfalls nachweisen. OTTENJANN, TEICHMÜLLER & WOLF (1974) gelang es mit Hilfe eines komplizierten Meßverfahrens, die Relationen zwischen Reflexionsvermögen und Fluoreszenzintensität spektral und objektiv zu erfassen. Wie Abb. 6 zeigt, stellen diese Ergebnisse eine vorteilhafte Ergänzung der reflektionsphotometrisch erhaltenen Resultate im Bereich der gesamten Inkohlungsreihe dar. Die kürzlich bekannt gewordenen Ergebnisse (M. TEICHMÜLLER 1975) bekräftigen den Wunsch einer breiteren Anwendung der Fluoreszenz-Intensitätsmessungen auf dem Gebiet der Erdöl-Erdgas-Erkundung. Allerdings sind hierbei noch weitere Teilprobleme zu bearbeiten und damit einer Klärung zuzuführen (TING & LO 1975).

#### Selektive Oxydation von Kerogenen

Die Methode der selektiven Oxydation von Kerogenen wurde von KHALIFEH & LOUIS (1958) zur Einschätzung des Diagenesegrads von Sedimentgesteinen angewendet.

Zeitschrift für angewandte Geologie, Bd. 23 (1977), Heft 8



| RM/C Anstieg | Rang | Reflexion (%) Ölimm. | Flücht. Best. (%) waf |
|---|---|---|---|
| > 1,40 | Braunkohle Flammkohle | < 0,70 | > 40 |
| 1,40 – 1,20 | Gas-flammkohle | 0,70 – 0,90 | 40 – 35 |
| 1,20 – 1,00 | Gaskohle | 0,90 – 1,15 | 35 – 28 |
| 1,00 – 0,80 | Fettkohle Eßkohle Magerkohle | 1,15 – 2,25 | 28 – 10 |
| < 0,80 | Anthrazit | > 2,25 | < 10 |

Abb. 7. Vergleichende Untersuchungen an etwa 40 Proben aus dem Paläozoikum des Norddeutschen Sedimentbeckens mit den Methoden der selektiven Oxydation und der Messung des Reflexionsvermögens der Vitrinite

KHALIFEH u. a. (1960) benutzten diese Methode zur Prüfung der Resultate von Reflexionsmessungen am Beispiel des Posidonienschiefers Niedersachsens.

In späterer Zeit wurden an etwa 40 Proben in Zusammenarbeit mit dem Erdölforschungsinstitut Gommern (FIEE) vergleichende Untersuchungen vorgenommen, wobei sowohl die selektive Oxydation von Kerogenen als auch Reflexionsmessungen zur Anwendung kamen. Soweit bekannt, handelt es sich um die bisher größte Probenzahl, die mittels beider Methoden untersucht worden ist. Die zusammengefaßten Ergebnisse sind in Abb. 7 dargestellt.

Die RM/C-Werte besitzen dabei in Bereichen geringerer Inkohlung eine größere Variationsbreite und verändern sich mit zunehmender Inkohlung immer weniger.

Nach den vorliegenden Untersuchungsergebnissen ermöglicht die Methode der Reflexionsmessungen eine insgesamt detailliertere Einschätzung des Diagenesegrads von Sedimentgesteinen. Darin drückt sich gegenüber der in der Arbeit von KHALIFEH u. a. (1960) formulierten These, die chemische Methode der selektiven Oxidation würde feinere Unterscheidungen gestatten, vor allem der methodische Fortschritt auf dem Gebiet der Reflexionsphotometrie aus.

Somit stellt dieses Verfahren nach unserem Erachten eine weitere sinnvolle Ergänzung der mikrophotometrischerhaltenen Resultate dar.

Über eine weitere wertvolle Ergänzungsmöglichkeit berichtete LÜCK (1973) hinsichtlich der Bestimmung des Diagenesekoeffizienten nach GRANSCH & EISMA (1966) mittels Pyrolyse. Auch diese Methode ist geeignet, die mikrophotometrischen Resultate zu erhärten.

## 5. Offene Probleme

Jede der erwähnten Methoden beinhaltet eine Reihe von offenen, z. T. speziellen Problemen, auf die hier nicht ausführlich eingegangen werden soll. Von allgemeinerem Interesse dürften dagegen folgende z. Z. noch ungelöste Aufgaben sein:

- Infolge ihrer großen stofflichen und morphologischen Heterogenität widersetzten sich bisher die dispers verteilten organischen Substanzen allen Bemühungen, dafür ein allgemeingültiges nomenklatorisches System zu erarbeiten (ALPERN 1972).
- Es wäre wünschenswert, quantitative Parameter für die Güte von Anschliffoberflächen zu besitzen, da nach unserem Dafürhalten die unterschiedlichen Beschaffenheiten der Anschliffoberflächen die größte Problematik der Reflexionsmessungen darstellt.
- Fluoreszenz-Intensitätsmessungen werden lediglich als Relativmessungen ausgeführt, es wäre aus Gründen der besseren Vergleichbarkeit der Ergebnisse zweckmäßig, dafür international verbindliche Fluoreszenz-Standards zu entwickeln.

## Zusammenfassung

Mikrophotometrische Reflexionsmessungen an dispers verteilten organischen Substanzen (DIVOS) ermöglichen Schlußfolgerungen hinsichtlich der stattgefundenen Diageneseprozesse in Sedimenten und damit zur Erdöl- und Erdgashöffigkeit. Es werden Möglichkeiten und Grenzen der Methode diskutiert. Vff. vertreten die Auffassung, daß eine Untersuchung der DIVOS im natürlichen Gesteinsverband günstiger ist als die Anreicherung mit chemischen Methoden. Außerdem werden die auf der Grundlage von ausgelesenem Flözvitrain ermittelten Inkohlungsparameter „Reflexionsvermögen" und „flüchtige Bestandteile" unter Einbeziehung des Exinits miteinander verglichen. Abschließend wird betont, daß die Ergebnisse von mikrophotometrischen Reflexionsuntersuchungen an DIVOS durch weitere Untersuchungsverfahren erhärtet werden sollten. Behandelt werden die selektive Oxydation der Kerogene sowie die Fluoreszenz-Photometrie.

## Резюме

По результатам микрофотометрических определений отражательной способности витринита рассеянного органического вещества можно судить о характере диагенетических процессов, происшедших в осадочных породах, и в связи с этим о перспективах нефтегазоносности. Проводится дискуссия о возможности и пределах применения этого метода. С точки зрения авторов применение этого метода для исследования рассеянного органического вещества является эффективнейшим чем обогащение органического вещества из осадочных пород химическими методами. Кроме того, сравнивается между собой такие величины, характеризующие степень углефикации, как „отражательная способность витринита" и „летучие вещества". Эти величины были установлены на основе элиминированных из угленосных пластов чистых частиц витртнита и эксинита. В заключении подчеркивается, что такие данные, полученные по результатам микрофотометрических определений отражательной способности витртнита рассеянного органического вещества необходимо дополнить результатами других лабораторных методов исследования, как например по методам определения способности селективного окисления керогена и флюресцентной фотометрии.

## Summary

Microphotometrical investigations of the reflectance of dispersed organic substances (abbreviated DIVOS) allow conclusions as to the diagenetic transformations of sediments and oil and gas prospects. The authors discuss the possibilities and limitations of the method to determine the reflectance by photometers equipped with photomultiplier and point to the fact that the examination of the DIVOS in the rocks itself comes out much better than the investigation of those isolated and accumulated by chemical methods. Besides this the reflectance and content of volatile matter of vitrinites from coal seams are compared with those of exinites. Finally, the authors propose to confirm the results of microphotometrical reflectance research by other methods and, for this purpose, treat the methods of selective oxidation of kerogen and fluorescence photometry.

## Literatur

ALPERN, B.: Le pouvoir réflecteur des charbons français. Applications et répercussions sur la théorie de A. Duparque. – Ann. Soc. géol. Nord, 89, 2, 143–166, Lille 1969.

– Classification Pétrographique des constituants organiques fossiles des roches Sédimentaires. – Rev. Inst. Franç. Pétr., 25, 11, 1233–1267, Paris 1970.

ALPERN, B.; BOUROZ, A. u. a.: Pétrologie des charbons. – Ann. Soc. géol. Nord, 90, 4, 203–222, Lille 1970.

ALPERN, B.; DURAND; ESPITALIÉ, J.; TISSOT, B.: Localisation, caractérisation et classification pétrographique des substances organiques sédimentaires fossiles. – C. R. Vème Réunion Internat. Géochim. organique, Hannover 1971; Adv. Organ. Geochem., 1971, 1–28; Pergamon Press, Oxford 1972.

AMMOSOW, I. I.: Stadii ismenenija osadotschnych porod i paragenetitscheskie otnoshenija gorjutschich iskopaemych. – Sow. Geol. 4, 4, 7–25, Moskau 1961.
BEREK, M.: Optische Meßmethoden im polarisierten Auflicht, in Besonderheit zur Bestimmung der Erzmineralien, mit einer Theorie der Optik absorbierender Kristalle. Erster Teil: Mikroskopische Methoden bei senkrechtem Lichteinfall. – Zbl. Mineral., 22, 1, 1–104, Stuttgart 1937.
MC CARTNEY, J. T.; HOFER, L. J. E.: Microreflectivity analysis of coal. – Analyt. Chem., 27, 8, 1320–1325, Washington 1955.
MC CARTNEY, J. T.; TEICHMÜLLER, M.: Classification of coals according to degree of coalification by reflectance of the vitrinite component. – Fuel, 51, 1, 64–68, London 1972.
CORREIA, M.: Relations possibles entre l'état de conservation des éléments figurés de la matière organique et l'existence de gisements d'hydrocarbures. – Rev. Inst. franç. Petr. 22, 9, 1285–1306, Paris 1967.
DUHAMEAU, W.: Etude comparative de la détermination de l'indice de matières volatiles de charbons suivant différentes normes. – Bull. techn. Houille Dérivés, Nr. 37 / 1968, 2–20, Liege 1968.
FULLER, M. L.: Relation of oil to carbon ratios of Pennsylvanian coals in North-Texas. – Econ. Geol., 14, 7, 536–542, Lancaster 1919.
– Carbon Ratios of Carboniferous coals of Oklahoma and their relation to petroleum. – Econ. Geol., 15, 225–235, Lancaster 1920.
GIJZEL, P. VAN: Topics of UV-Fluorescence microspectrophotometry; Part II: Polychromatic UV-fluorescence microphotometry of fresh and fossil plant substances ...; Vortrag, gehalten zur Veranstaltung des 'International Committee for Coal Petrology'. – 6. Internat. Kongr. f. Organ. Geochemie, 14.–17. Sept., Paris 1973.
GRANSCH, F. A.; EISMA, E.: Organic Geochemistry. – Pergamon Press, 407–426, Oxford 1966.
JACOB, H.: Lumineszenz-Mikroskopie der organopetrographischen Bestandteile von Sedimentgesteinen. – Leitz-Mitt. Wiss. u. Techn. 4, 8, 250–254, Wetzlar 1969.
KHALIFEH, Y.; LOUIS, M.: Étude de la matière organique dans les roches sédimentaires. – Rev. Inst. franç. Pétrol. 13, 9, 1247–1252, Paris 1958.
KHALIFEH, Y.; LOUIS, M.; ROUCACHE, J.; TEICHMÜLLER, M.: Die Umwandlung organischer Substanz von bituminösen Schiefern bei der Metamorphose. Ein Beispiel aus dem Posidonienschiefer Niedersachsens. – Erdöl u. Kohle, 13, 10, 725–729, Hamburg 1960.
KOSLOW, W. P.: Znatschenie regionalnogo metamorfisma osadotschnych porod pri poiskach nefti i gasa (russ.). – Sow. Geol. 1, 5, 46–63, Moskau 1958.
KÖTTER, K.: Die mikroskopische Reflexionsmessung mit dem Photomultiplier und ihre Anwendung auf die Kohlenuntersuchung. – Brennstoff-Chemie 41, 9, 263–272, Essen 1960.
KUYL, O. S.; MÜLLER, J.; WATERBOLK, H. TH.: The application of palynology to oil geology with reference to western Venezuela. – Geol. Mijnb. (nw. ser.) 17, 49–56, Gravenhage 1955.
LENSCH, G.: Die Metamorphose der Kohle in der Bohrung Münsterland 1 auf Grund des optischen Reflexionsvermögens der Vitrinite. – Fortschr. Geol. Rheinland u. Westfalen, 11, 197–204, Krefeld 1963.
LÜCK, J.: Zur Analytik der unlöslichen organischen Substanz – Kerogen – im Gestein. In: Vorträge zu geochemischen und chemisch-physikalischen Problemen der Erdöl-Erdgas-Erkundung und -Förderung. – Band I: Geochemie, 514–526, Budapest 1973.
MEINHOLD, R.; GINDORF, L.; PÄTZ, H.; PREUSZ, B.: Die Lithogenese der organischen Substanzen als Kriterium zur Rekonstruktion geothermischer Verhältnisse, speziell bei der Bildung und Erhaltung von Kohlenwasserstofflagerstätten. – Z. angew. Geol., 21, 5, 211–217, Berlin 1975.
NOËL, R.: Reflexionsvermögen und stratigraphische Stellung der Steinkohlen in den belgischen Steinkohlenbecken. – Freiberger Forsch.-H., C 235, 57–62, Leipzig 1969.
OTTENJANN, K.; TEICHMÜLLER, M.; WOLF, M.: Spektrale Fluoreszenz-Messungen an Sporiniten mit Auflicht-Anregung, eine mikroskopische Methode zur Bestimmung des Inkohlungsgrades gering inkohlter Kohlen. – Fortschr. Geol. Rheinland u. Westfalen, 24, 1–36, Krefeld 1974.
PICKHARDT, W.; ROBOCK, K.: Weiterentwicklung einer Apparatur zur photoelektrischen Messung der Reflexion und Absorption. – Brennstoff-Chemie, 46, 2, 44–48, Essen 1965.
PLOEM, J. S.: Ein neuer Illuminator-Typ für die Auflicht-Fluoreszenzmikroskopie. – Leitz-Mitt. Wiss. u. Techn., 4, 8, 225–238, Wetzlar 1969.
PREUSS, B.: Zur Problematik von objektiven Reflexionsmessungen. I. Prüfungsmöglichkeiten der Standardoberflächen. – Z. angew. Geol., 15, 11, 591–596, Berlin 1969.
ROBERT, P.: Analyse microscopique des charbons et des bitumes disperses dans les roches et mesure de leur pouvoir réflecteur. – Vortrag z. 6. Internat. Kongr. f. org. Geochem., Paris 1973; veröff. in: Advances in Organic Geochemistry 1973, 549–569, Paris 1973.
ROGERS, H. D.: Coal and petroleum. – Harpner's new monthly Mag., 27, 259 (1863).
SOÓS, L.: Eine objektive Methode zur Bestimmung der Reflexion der Mikro-Opakmineralien und Gesteinsgemengteile. – Acta geol. Acad. sci. hung., 8, Fasc. 1–4, 1–18, Budapest 1964.
STACH, E.: Die Untersuchung von Kohlenlagerstätten. In: BENZ: Lehrbuch der angewandten Geologie. – Bd. II, 422–562, Stuttgart 1968.
TEICHMÜLLER, M.: Bestimmung des Inkohlungsgrades von kohligen Einschlüssen in Sedimenten des Oberrheingrabens. In: ILLIES, H.; MÜLLER, S.: Graben Problems. Internat. Upper Mantle Projekt. – Sci. Report. 27, 124–142, Stuttgart 1970.
Anwendung kohlenpetrographischer Methoden bei der Erdöl- und Erdgasprospektion. – Erdöl u. Kohle, 24, 2, 69–76, Hamburg 1971.
– Anwendungsbeispiele für die Fluoreszenz-Mikroskopie bei der Erdöl-/Erdgas-Erkundung. – Vortrag zum VIII. Internat. Kongr. f. Geol. u. Stratigraphie des Karbons, Moskau (Sept.) 1975.
TEICHMÜLLER, M.; TEICHMÜLLER, R.: Das Inkohlungsbild des Niedersächsischen Wealdenbeckens. – Z. dt. Geol. Gesellsch. 100, 498–517, Stuttgart 1950.
– Inkohlungsuntersuchungen und ihre Nutzanwendung. – Geol. Mijnb. 20, 2, 41–66, Gravenhage 1958.
TING, T. C.; LO, H. B.: Fluorescence characteristics of thermoaltered exinites (sporinites). – Fuel, 54, 201–204, 9 Fig., London 1975.
DE VRIES, H. A.; HABETS, P. J.; BOKHOVEN, C.: Das Reflexionsvermögen von Steinkohlen. – Brennstoff-Chemie, I. 49, 1, 11–17; II. 49, 2, 27–32, Essen 1968.
WHITE, D.: Some relations in origin between coal and petroleum. – J. Washingt. Acad. Sci. 5, 6, 189–212, Washington 1915.
– Metamorphism of organic sediments and derived oils. – Amer. Assoc. Petr. Geol. Bull., 19, 5, 589–617, Tulsa 1935.
WYSCHEMIRSKIJ, W. S.: Die Anwendung der Carbon-Ratio-Theorie bei der Prognose der Erdölführung. – Geol. Nefti i Gasa, 2, 6, 46–50, Moskau 1958 (russ.).
– Die Verwendung des Inkohlungsgrades bei den Prognosen für die Erdölführung. – Z. angew. Geol., 5, 1, 20–23, Berlin 1959.
Applying coal petrology to assessment of the national fuel resources. – Coal Research in CSIRO, July, 41, 1, Melbourne 1970.
Internationales Lexikon für Kohlenpetrologie (I. L. K.) (Ergänzung zur 2. Ausgabe). – Verlag Centre National de la Recherche Scientifique, 272 Bl., Paris 1971.

**Standards und Normen**

ASTM D 2798 – 68 T Richtlinien zur mikroskopischen Bestimmung des Reflexionsvermögens organischer Komponenten in Kohlenschliffen (engl.); Philadelphia 1969.
22 020: Mikroskopische Untersuchungen an Steinkohlen, Koksen und Briketts; Inkohlungsbestimmung durch Reflexionsmessungen an Vitriniten; Blatt 5, 6 S., 6 Anl; BB (Bergbau-Betriebsblatt), Essen 1971.
ČSN 44.1346 Stanovení středni světelné odraznosti a typů černých uhli. – 11 S., 4 Tab.; Prag 1970 (tschech.).
GOST 12113 – 66 Methoden zur Bestimmung des Reflexionsvermögens von Braunkohlen, Steinkohlen und Anthraziten. – 25 S., 6 Abb., 7 Anl., Moskau 1966 (russ.).
TGL 14474 Internationales Klassifikationssystem für Steinkohlen.
TGL 14478: Prüfung fester Brennstoffe, Bestimmung des Gehaltes der Flüchtigen Bestandteile.
TGL 14479: Prüfung fester Brennstoffe; Bestimmung des Gehaltes der Flüchtigen Bestandteile an Kohlenstoff und Wasserstoff.

# Zur Herkunft der Karbonate in basischen Gesteinen auf Grund von $^{18}O$ und $^{13}C$-Isotopenuntersuchungen

RÖSLER, H.-J.; NESTLER, P.; MUCKE, D.; DIETZE, W., Freiberg[1])

## 1. Problematik

Die enge räumliche Beziehung zwischen basischen Magmatiten und Karbonaten ist dem Geologen und Petrographen seit langem bekannt. Sie zeigt sich durch die diffusive Verteilung von Karbonaten im intrusiven und extrusiven Gestein, auch durch das Auftreten von Kluftkarbonaten, insbesondere aber durch die oft massenhafte Einlagerung von Karbonatmandeln, insbesondere in basischen Geosynklinalmagmatiten vom Typ der Diabase und Spilite.

Die klassische Lehrmeinung besagt, daß diese Karbonate durch Zersetzung der Ca-reichen Magmatite unter Zufuhr von magmatischem $CO_2$ entstanden sind, eine durchaus plausible Erklärung. Erst LEHMANN (1940) zeigte erstmals an Mandelspiliten („Weilburgiten"), daß diese „Mandeln" zumindest zum Teil ihre Entstehung durch Resorption sedimentärer Kalksteine verdanken. Diese Erkenntnis wurde in der Folgezeit durch HENTSCHEL (1952) und RÖSLER (1960) bestätigt.

Die Isotopengeochemie der Elemente C und O ermöglicht es, weitere Beweise für den sedimentären Anteil an der Karbonatbildung in basischen Magmatiten zu erbringen. Dazu liegen aus den letzten Jahren mehrere Arbeiten vor, die hier unter besonderer Berücksichtigung der an der Bergakademie Freiberg durchgeführten Forschungsergebnisse zusammengefaßt und verallgemeinert werden sollen.

Das Interesse an diesen Erkenntnissen ist vielfältig. Dem Petrochemiker wird erstmalig eine Handhabe gegeben,

Eingang des Manuskripts in der Redaktion: 27. 2. 1976.
[1]) Bergakademie Freiberg, Sektion Geowissenschaften, WB Geochemie/Mineralogie, Sektionsveröffentlichungs-Nr. 539.

die Verrechnung stark karbonatischer Gesteine begründet zu steuern, z. B. durch Eliminierung resorbierter Karbonatmengen. Dem Geologen wird u. a. die Möglichkeit gegeben, die vulkanisch-sedimentären Serien klarer genetisch zu interpretieren (vgl. KRAMER & MUCKE 1973).

## 2. Untersuchungsergebnisse und Diskussion

Es wurden 65 Gesteinsproben aus paläozoischen Gesteinen der DDR in die Untersuchung einbezogen, wobei der Schwerpunkt auf die geosynklinalen Vulkanite des Harzes, Ostthüringens und des Vogtlandes sowie den Bereich Nossen—Elbtalzone gelegt wurde (Tab. 1).

Tab. 1. Die Sauerstoff- und Kohlenstoff-Isotopen in Karbonaten magmatischer und sedimentärer Gesteine des Paläozoikums der DDR (EK = Elbingeröder Komplex)

| Probe-Nr. | Art des Karbonats | $\delta^{18}O$ SMOW | $\delta^{13}C$ PDB |
|---|---|---|---|
| 1 | Devon. Massenkalk, Görkwitz/Thür. | +16,6 | – 0,3 |
| 2 | Devon. Kalkstein, EK Harz | +15,6 | + 0,6 |
| 3 | Devon. Stringocephalenkalk, EK Harz | +22,3 | + 1,7 |
| 4 | Devon. Iberger Kalk (Stringocephalenkalk), EK Harz | +23,5 | + 2,0 |
| 5 | Devon. Massenkalk (Kontaktbereich) EK Harz | +18,4 | + 2,2 |
| 6 | Devon. Massenkalk (Kontaktbereich) EK Harz | +16,9 | + 1,6 |
| 7 | Devon. Massenkalk (Kontaktbereich) EK Harz | +17,1 | + 1,4 |
| 8 | Devon. Massenkalk (Kontaktbereich) EK Harz | +17,5 | + 1,6 |
| 9 | Devon. Massenkalk (Kontaktbereich) EK Harz | +18,8 | + 2,5 |
| Kalkeinschlüsse und Pseudomandeln im Spilit | | | |
| 10 | Karbonateinschluß im Spilit, EK Harz | +16,3 | – 0,1 |
| 11 | Mandeln und Pseudomandeln um Karbonateinschluß im Pillowspilit | +16,4 | +10,4 |
| Karbonat in Spilittuffen (Schalstein) | | | |
| 12 | Calcit aus Schalstein, Görkwitz/Thür. | +22,0 | + 2,3 |
| 13 | Calcit aus Schalstein, Görkwitz/Thür. | +20,0 | + 0,7 |
| 14 | Calcit aus Schalstein, Görkwitz/Thür. | +19,0 | + 1,4 |
| 15 | Matrixkarbonat aus Lapillituffit, EK Harz | +20,4 | + 2,7 |
| 16 | Matrixkarbonat aus Lapillituffit, EK Harz | +17,6 | + 1,1 |
| 17 | Matrixkarbonat aus Lapillituffit, EK Harz | +20,8 | + 1,5 |
| 18 | Matrixkarbonat aus Lapillituffit, EK Harz | +20,3 | + 2,3 |
| 19 | Matrixkarbonat aus Vulkanochemit, EK Harz | +17,7 | + 3,9 |
| 20 | Matrixkarbonat aus Vulkanochemit, EK Harz | +19,2 | + 1,9 |
| 21 | Matrixkarbonat aus Keratophyrbrekzie, EK Harz | +20,0 | + 2,0 |
| Karbonatmandeln in Spilit (und Diabas) | | | |
| 22 | Mandeln aus Pillowspilit, EK Harz | +21,2 | + 1,1 |
| 23 | Mandeln aus Spilit, EK Harz | +18,1 | + 0,9 |
| 24 | Mandeln aus Spilit, EK Harz | +19,4 | + 0,7 |
| 25 | Mandeln aus Spilit, EK Harz | +19,4 | + 2,1 |
| 26 | Calcitmandeln aus Spilit, EK Harz | +20,3 | + 2,4 |
| 27 | Calcitmandeln aus Spilit, EK Harz | +20,7 | + 3,7 |
| 28 | Calcit-Chloritmandeln aus Spilit, EK Harz | +22,0 | – 3,4 |
| 29 | Calcitmandeln aus Spilit, EK Harz | +20,7 | – 2,4 |
| 30 | Zonare Karbonatmandeln (außen Ankerit, innen Calcit) in Spilit, EK Harz | +18,6 | – 3,4 |
| 31 | Mandeln aus Spilit, Büchenberg, EK | +19,4 | + 0,5 |
| 32 | Mandeln aus Spilit, Schönbrunn/Vogtland | +18,1 | + 0,6 |
| 33 | Mandeln aus Spilit, Schönbrunn/Vogtland | +19,5 | + 9,0 |
| 34 | Calcitmandeln aus Spilit, Nossen (zu N 3) | +20,7 | – 1,1 |
| 35 | Diabas, Pirk/Vogtland | +20,9 | – 1,5 |
| Calcitzwickel zwischen Pillowspiliten | | | |
| 36 | Calcit-Zwickel in Pillow, Nossen | +13,0 | – 0,6 |
| Kluftkarbonate in Spilittuffen (Schalstein) | | | |
| 37 | Kluftkarbonat aus Schalstein, EK Harz | +15,0 | – 7,2 |
| 38 | Kluftkarbonat aus Schalstein, EK Harz | +14,8 | – 5,4 |
| 39 | Kluftkarbonat aus Schalstein, EK Harz | +16,7 | – 3,8 |
| 40 | Kluftkarbonat aus Schalstein, EK Harz | +14,2 | – 5,1 |
| 41 | Kluftkarbonat aus Schalstein, EK Harz | +14,3 | – 5,5 |
| Gangkarbonat im Spilit und Diabas | | | |
| 42 | Calcitgang in Diabas, Mückenberg/Thüringen | + 9,1 | –11,1 |
| 43 | Calcitgang in Diabas, Mückenberg/Thüringen | + 9,0 | –10,8 |
| 44 | Calcitgang (mit Chlorit) in Diabas, Mückenberg/Thür. | + 8,4 | –12,8 |
| 45 | in Diabas, Mückenberg/Thür. | +10,8 | –10,7 |
| 46 | Calcitentgasungsfüllung in Spilitdiabas, EK Harz | +17,1 | –10,8 |
| 47 | Karbonat in Spilitdiabas, EK Harz | +16,1 | –11,3 |
| 48 | Calcitgängchen (mit Quarz) in Spilit, Nossen | + 8,9 | – 8,7 |
| 49 | Calcitgang (5 cm) in Spilit, Nossen | +12,7 | – 6,6 |
| 50 | Calcitgang (5 cm) in Spilit, Nossen | +15,9 | – 4,7 |
| 51 | Calcitgang in Pillowspilit, Nossen | +11,3 | – 1,7 |
| 52 | Calcitgang in Pillowspilit, Nossen | +10,0 | – 2,3 |
| Karbonat in Kersantiten und Minetten | | | |
| 53 | Minette, Grießbach/Erzgeb. | + 7,9 | –11,2 |
| 54 | Kersantit, Thüringen | +20,4 | – 9,7 |
| 55 | Kersantit, Rabenauer Grund, bei Dresden | +12,5 | – 8,2 |
| 56 | Kersantit, Reichstädt, Erzgeb. | + 8,3 | –11,6 |
| 57 | Minette, Thüringen | +17,2 | – 8,4 |
| 58 | Minette, St. Michaelis/Sa. | +12,5 | – 9,8 |
| Weitere Karbonate | | | |
| 59 | Mikrosyenit, Braunesumpf, EK Harz | +20,7 | – 7,7 |
| 60 | Keratophyr, Büchenberg, EK Harz | +19,3 | +10,3 |
| 61 | Karbonat aus Diabasexokontakt (Spilosit), EK Harz | +17,6 | – 6,7 |
| 62 | Karbonat aus Diabasexokontakt (Desmosit), EK Harz | +16,8 | – 6,3 |
| 63 | Kieselkalk (mit Cephalopoden) aus Kulm, EK Harz | +17,7 | +10,7 |
| 64 | Calcitkonkretion in Kulmkieselschiefer (Exokontakt) | +15,8 | + 1,8 |
| 65 | Crinoidenschale aus Erzlager, EK Harz | +25,6 | + 2,7 |

Die Karbonate wurden manuell ausgelesen. Die Freisetzung des $CO_2$ erfolgt nach dem bekannten, z. B. bei HARZER (1970) beschriebenen Verfahren; die Messung der C- und O-Isotopen wurde massenspektrometrisch durchgeführt ($CH_3$- bzw. $CH_6$-Massenspektrometer).

In Abb. 1 sind die Ergebnisse der Isotopenmessungen in einem $\delta^{18}O$- $\delta^{13}O$-Diagramm eingetragen (Felder I bis V, einige Einzelwerte sowie Feld B). Zur Orientierung und zum Vergleich enthält das Diagramm zusätzlich die schwer-

punktmäßige Verteilung der Isotopen in basischen Magmatiten, Karbonaten, marinen Karbonaten und im $CO_2$ (nach Literaturangaben).
Aus Abb. 1 ist folgendes abzulesen:

- Es fallen 2 Gruppen auf, nämlich aus den Feldern I bis III sowie aus den Feldern IV, V und B. Die erste Gruppe liegt im Bereich der marinen Karbonate, die zweite Gruppe tendiert in Richtung basischer Magmatite.
- Die devonischen Kalksteine (Feld I) fallen in den Bereich der marinen Karbonate (Bereich C). Die Probe 10 ist ein Karbonateinschluß in Spilit.
- Das Matrixkarbonat der Spilittuffe (Feld II) deckt sich weitgehend mit dem Feld I der devonischen Kalksteine.
- Der Hauptteil der karbonatischen Mandeln in Spiliten (Feld III) ist eng an die beiden Felder I und II gebunden. Sie alle liegen im Bereich der marinen Karbonate.
- Die Felder IV und V stellen Karbonate aus Gängchen von Spilittuffen (IV) sowie Spiliten und Diabasen (V) dar; erstere tendieren in Richtung der marinen Karbonate.
- Fast deckungsgleich mit den Feldern IV und V ist das Feld 3 (Karbonate in Lamprophyren mit relativ sicherer magmatogener Herkunft des $CO_2$) sowie dem Feld der intrusiven Karbonatite.
- Die Proben 30 sowie 61 und 62 stehen zwischen den beiden Bereichen; sie sind kontaktmetamorph beeinflußte Karbonate bzw. Pillowzwickel.

Aus diesen Feststellungen lassen sich folgende genetische Schlußfolgerungen ziehen:

- Die Karbonate in den Spiliten und Zwickeln der Spilittuffe sind den Isotopenwerten der marinen Karbonate gleich oder ähnlich, so daß sie höchstwahrscheinlich von ihnen abzuleiten sind.
- Die Gangkarbonate in den Spiliten und Diabasen sind den Karbonaten in magmatischen oder magmatogenen Gesteinen gleich oder ähnlich; ihr $CO_2$-Gehalt hat also offensichtlich eine überwiegend magmatische Herkunft.
- Karbonate im engen Kontakt zu Magmatiten nehmen eine Zwischenstellung ein.

Damit deutet sich offensichtlich die Möglichkeit an, mit Hilfe der O—C-Isotopen den magmatogenen oder sedimentogenen Einfluß auf die Bildung von Karbonaten halbquantitativ abzuschätzen.

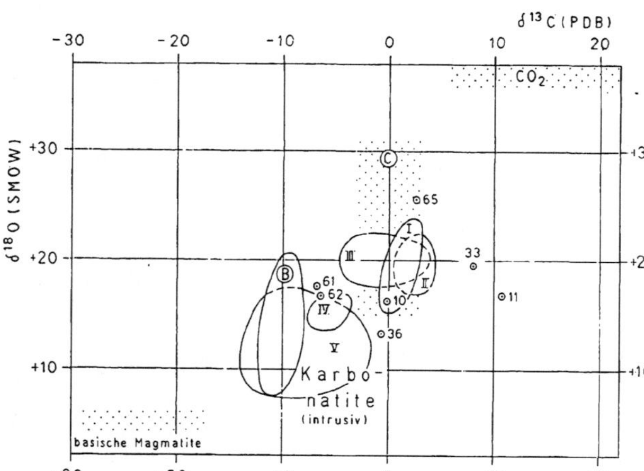


Abb. 1. $\delta^{13}C/\delta^{18}O$-Diagramm devonischer Karbonate in Magmatiten, Tuffen und Sedimenten

I. — Devonische Kalksteine; II. — Matrixkarbonat in Spilittuffen; III. — Karbonatmandeln in Spiliten (und Diabasen); IV. — Karbonatgängchen in Spilittuffen; V. — Karbonatgängchen in Spiliten und Diabasen

Zur Ergänzung sind folgende Isotopenfelder eingetragen:

Basische Magmatite; B. — Karbonate in varistischen Lamprophyren; C. — Marine Karbonate; $CO_2$ — (atmosphärisch und biogen)
Die Einzelwerte entsprechen den Probenummern in Tabelle 1

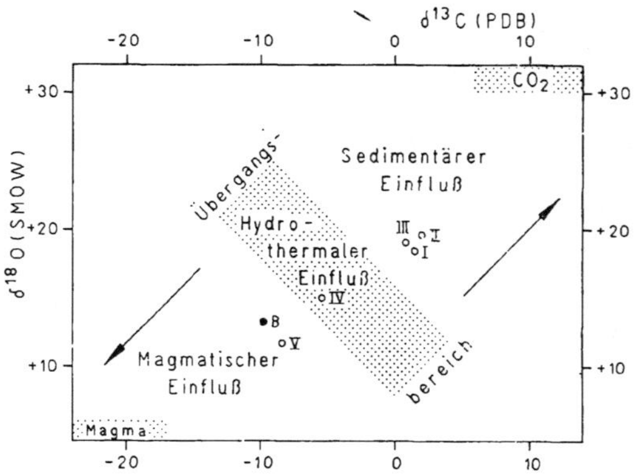


Abb. 2. Schematische Darstellung der geologischen Einflüsse auf die Karbonatgenese im $^{18}O-^{13}C$-Isotopendiagramm

I—V: Mittelwerte der 5 Gruppen aus Abb. 1. einschließlich; B = Karbonate in Lamprophyren

Graphisch kann man die vorgefundenen Verhältnisse so verallgemeinern, wie es Abb. 2 zeigt. Hier sind nochmals die Mittelwerte der einzelnen Felder eingetragen. Zwischen ihnen liegt ein „Übertragungsbereich", in dem ein Mischeffekt beider Einflüsse vorliegt. Es ist bemerkenswert, daß dieser Bereich sich weitgehend mit dem Verbreitungsfeld der O- und C-Isotopen hydrothermaler Karbonate (z. B. aus Ganglagerstätten) deckt, so daß wir einen hydrothermalen Einfluß allgemeiner Art annehmen können.
Obwohl diese Einflußsphären relativ klar abgegrenzt sind und sich genetisch interpretieren lassen, läßt sich die Frage nach den Gründen der Isotopendifferenzierung nicht nur aus einer substantiellen Mischung der Isotope beider Bereiche (magmatisch, sedimentär) erklären. Es fällt auf, daß die Tendenz der Isotopenveränderung mehr oder weniger gut einer Temperaturverschiebung vom magmatischen zum sedimentären Bereich parallel geht. Es ist im Augenblick noch nicht möglich, einem dieser Faktoren den Vorrang zu geben; möglicherweise wirken beide parallel.
Abschließend sei vermerkt, daß die dargestellten quantitativen Beziehungen zunächst nur für die paläozoischen Gesteine der DDR und weitgehend alle basischen Magmatite der varistischen Geosynklinale gelten. Es ist aber wahrscheinlich, daß die Tendenzen (mit gewissen quantitativen Verschiebungen) prinzipieller Natur sind.

## Zusammenfassung

Es wurden 65 karbonatische und magmatische Gesteine des Paläozoikums der DDR auf die C- und O-Isotopenzusammensetzung im Karbonat-$CO_2$ untersucht. Diese Isotopenanalyse ermöglicht es, den magmatischen oder sedimentären Einfluß für die Bildung der Karbonate halbquantitativ abzuschätzen.

## Резюме

Были исследованы 65 карбонатных и магматических пород палеозоя ГДР на состав изотопов C и O в карбонате $CO_2$. Этот изотопный анализ позволил, полуколичественно оценывать магматическое и осадочное влияние при образовании карбонатов.

## Summary

65 carbonate and magmatic rocks of the Palaeozoic of the G.D.R. were analysed for their C and O isotopic composition in the carbonate-$CO_2$. This isotopic analysis makes it possible

to estimate semi-quantitatively the magmatic and sedimentary influence on the formation of carbonates.

## Literatur

BAERTSCHI, P.: Messung und Deutung relativer Häufigkeitsvariationen von $^{18}O$ und $^{13}C$ in Karbonatgesteinen und Mineralen. – Schweiz. u. petr. Mitt., 37, 73–152, Zürich 1957.
BLATTNER, P.; COOPER, A. F.: Carbon and Oxygen Isotopic Composition of Carbonatite Dikes and Metamorphic Country Rock of the Haast Schist Terrain, New Zealand. – Contr. Mineral. & Petrol., 44, 17–24, Berlin 1974.
DIETZE, W.: Auswertung petrochemischer Daten des basischen Geosynklinalmagmatismus. – Diplomarbeit, Bergakademie Freiberg, Sektion Geowissenschaften, Freiberg 1974.
FORNASERI, M.; TURI, B.: Carbon and Oxygen Isotopic Composition of Carbonates in Lavas and Ejectites from the Alban Hills, Italy. – Contrib. Mineral. & Petrol., 23, 244–256, Berlin 1969.
HARZER, D.: Isotopengeochemische Untersuchungen $^{18}O$ und $^{13}C$ an hydrothermalen Mineralen aus Ganglagerstätten der DDR. – Freiberger Forsch.-H., C 247, Leipzig 1970.
HENTSCHEL, H.: Zur Frage der Chlorit- und Karbonat-Bildung in ophiolitischen Gesteinen. – Fortschr. Mineral, 31, Stuttgart 1953.
HOEFS, J.: Kohlenstoff- und Sauerstoff-Isotopenuntersuchungen an Karbonatkonkretionen und umgebendem Gestein. – Contr. Mineral & Petrol., 27, 66–79, Berlin 1970.
– Ein Beitrag zur Isotopengeochemie des Kohlenstoffs in magmatischen Gesteinen. – Contr. Mineral & Petrol., 41, 277–300, Berlin 1973.
KRAMER, W.; MUCKE, D.: Beziehungen zwischen Magmatiten und Sedimenten in sedimentären Komplexen. – Z. geol. Wiss., 1, 5, 531–548, Berlin 1973.
LEHMANN, E.: Eruptivgesteine und Eisenerze im Mittel- und Oberdevon der Lahnmulde. – Techn. Pädagog.-Verlag Wetzlar, Wetzlar 1941.
MUCKE, D.: Initialer Magmatismus im Elbingeröder Komplex des Harzes. – Freiberger Forsch.-H., C 279, Leipzig 1973.
MUEHLENBACHS, K.; CLAYTON, R. N.: Oxygen Isotope Geochemistry of Submarine Greenstones. – Canad. J. Earth Sci., 9, 5, 471–478, Ottawa 1972.
NESTLER, P.: Sauerstoffisotopenuntersuchungen an Magmatiten unterschiedlicher geologischer Position. – Dissertation Bergakademie Freiberg, Sektion Geowissenschaften, Freiberg 1975.
RÖSLER, H. J.: Zur Petrographie, Geochemie und Genese der Magmatite und Lagerstätten des Oberdevons und Unterkarbons in Ostthüringen. – Freiberger Forsch.-H., C 92, Berlin 1960.
RUDOLPH, G.: Geochemische Untersuchungen an basischen Magmatiten: Zur Rolle des $CO_2$ in basischen Gesteinen. – Studienarbeit Bergakademie Freiberg, Sektion Geowissenschaften, Freiberg 1971.
SCHEFFLER, H.: Geosynklinalmagmatismus und Sulfidvererzungen am Beispiel der Pyritlagerstätte „Einheit" bei Elbingerode/Harz. – Dissertation, Bergakademie Freiberg, Freiberg 1975.
SCHIDLOWSKI, M.; STAHL, W.: Kohlenstoff- und Sauerstoffisotopenuntersuchungen an der Karbonatfraktion alpiner Spilite und Serpentinite sowie von Weilburgiten des Lahn-Dill-Gebietes. – Neues Jb. Mineral. Abh., 115, 3, 252–278, Stuttgart 1971.
TAYLOR, H. P. u. a.: Oxygen and carbon isotope studies of carbonatites etc. – Geochim. et Cosmochim. Acta, 31, 407–430, London 1967.
WINOGRADOW, A. P.; DONTSOWA, E. I. u. a.: Sauerstoffisotopengehalte von kontinentalen Riftzonen in Ostafrika (russ.). – Geochimija, 5, 507–514, Moskau 1971.

# Zur Beziehung zwischen der Primärgenese der Quarze und der Korngröße des Quarzsandes von Hohenbocka

BLANKENBURG, H.-J.; NOACK, G.; WANEK, I., Freiberg

(Mitteilung Nr. 650 der Sektion Geowissenschaften an der Bergakademie Freiberg)

## 1. Einleitung

An der Bergakademie Freiberg, Sektion Geowissenschaften, wird seit 1972 unter der Leitung von Prof. Dr. habil. H. J. RÖSLER systematisch eine intensive Quarzforschung betrieben (BLANKENBURG 1977). Im Rahmen dieser Untersuchungen wurde auch das Teilproblem „Untersuchung der Primärgenese der Quarze der Sandlagerstätte Hohenbocka" bearbeitet (Tab. 1). Dabei ergab eine Probenserie zur Klärung der Körnungsabhängigkeit folgendes Resultat (Abb. 1): Der Anteil metamorpher Quarze steigt, ausgehend von der Fraktion 0,25 bis 0,315 mm, sowohl zur feineren Körnung, als auch zur gröberen Körnung hin an.
Der Anteil an magmatischen Quarzen verhält sich gegenläufig. Da die Masse-%-Anteile der Körnung > 0,315 mm im Hohenbockaer Quarzsand gering sind, interessierte insbesondere der Kurvenanstieg bei den metamorphen Quarzen in den feineren Kornfraktionen. Die Korrelation Korngröße des Sandes – Primärgenese der Quarze, wie sie in Abb. 1 dargestellt ist, wurde im weiteren Verlauf der Untersuchungen präzisiert; deshalb soll hier darüber berichtet werden.
Ausgehend von dieser Korrelation ergab sich eine weitere interessante Aufgabenstellung: Klärung der Beziehung Primärgenese der Quarze und Spurenelementführung. Wenn der metamorphe Quarz einen höheren Spurenelementgehalt aufweist, müßte auch hier eine Körnungsabhängigkeit nachweisbar sein. Zu diesem Problemkreis soll in einer nachfolgenden Publikation berichtet werden.

Tab. 1. Primärgenese der Quarze im Sand von Hohenbocka (Angaben in Korn-%, nach BLANKENBURG 1977)

| Primärgenese | Proben aus den jetzigen Tagebauen | Proben aus den Liegendsanden |
|---|---|---|
| Granitquarz | 45 | 47 |
| Metam. Quarz | 32 | 41 |
| Porphyrquarz | 23 | 12 |

Eingang des Manuskripts in der Redaktion: 23. 11. 1976.

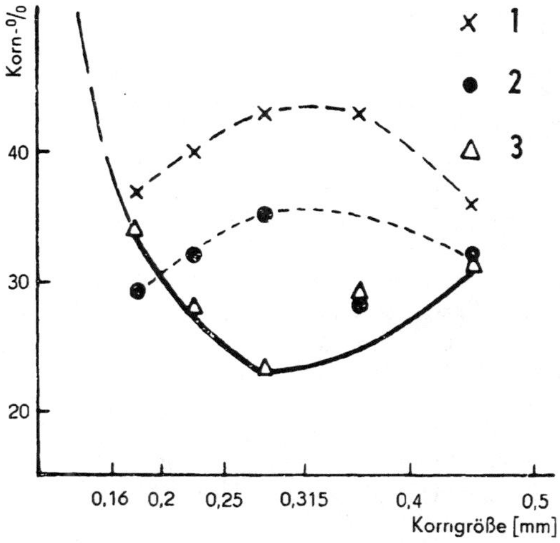


Abb. 1. Abhängigkeit der Zusammensetzung der Kornfraktionen des Hohenbockaer Quarzsands von der Primärgenese der Quarze (BLANKENBURG 1977)
1 – Granitquarz, 2 – Porphyrquarz, 3 – Metamorpher Quarz

## 2. Methodik

Die bei der mikroskopischen Untersuchung der Quarze verschiedener Genese wiederholt erfolgreich eingesetzte Methodik ist bei BAUMANN (1976) beschrieben. Da die Einstufung der Quarze auf Grund der Meßdaten subjektiv beeinflußt wird, ist eine gründliche Einarbeitung notwendig.
Für die Untersuchungen an den Quarzen des Hohenbockaer Sandes wurden 6 Proben ausgewählt, gesiebt und gründlich von organischer und toniger Substanz befreit. Dann

wurden die zu schleifenden Körner auf einen Objektträger in einen unter- und überlagernden Duosandeckfilm eingebettet. Nach der Politur der angeschliffenen Fläche wurde das Präparat vorsichtig vom Objektglas abgehoben, gewendet und die andere Oberfläche der Quarze bearbeitet, so daß Quarzdickschliffe mit beidseitig angeschliffenen und polierten „Fenstern" vorlagen.
Die Einstufung der Quarze in die verschiedenen Genesegruppen war nicht immer eindeutig möglich, deshalb wurde mit zwei Sicherheitsgraden gearbeitet. Jedes Korn wurde nach folgenden Kriterien beurteilt:

— Auslöschung: normal — undulös,
— Morphologie: Form, Anwachssaum, Korrosion, mineralisierte Risse,
— Einschlüsse: Anzahl, Form, Phase (gasförmig, flüssig, fest) Anordnung.

Es erfolgt eine Einteilung in:

Quarz aus Graniten,
Quarz aus Porphyren,
Quarz aus postmagmatischen Bildungen,
Quarz aus Metamorphiten.

Von den 33 Kornfraktionen wurden jeweils 100 Quarze bemustert; die folgenden Aussagen beruhen also auf 3300 Einzeldaten. Kontrollbestimmungen ergaben einen relativen Fehler von ±2 Korn-%. Die Untersuchungsserie N umfaßte die Quarzsandproben Hb 125, Hb 136 aus Werk I der Hohenbockaer Quarzsandwerke und Hb 414 aus Werk IV. Die Untersuchungsserie W bearbeitete die Quarzsandproben Hb 2N 16 aus dem Werk II (Neuaufschluß) und Hb 326 sowie Hb 336 aus dem Werk III.

### 3. Ergebnisse und Interpretation

Die Untersuchungsergebnisse der beiden Serien N und W sind in der Tab. 2 zusammengestellt. In der Serie W wurde die Fraktion 0,1 bis 0,16 mm nicht bearbeitet.
Die Ergebnisse beider Serien, jeweils Mittelwerte aus den Fraktionen von 3 Proben, zeigen eine gute Übereinstimmung. Das Diagramm in Abb. 1 wurde damit weitgehend bestätigt.
Die Werte für die Fraktionen 0,1 bis 0,16 mm entsprechen nicht ganz den Erwartungen: Der Korn-%-Anteil des metamorphen Quarzes ist zu gering und der des granitischen Quarzes zu hoch. Trotzdem sind wir der Meinung, die Korrelation Korngröße—Primärgenese müßte den Kurvenverlauf aufweisen, wie in Abb. 2 gezeigt. Die Ursache für diese „Fehleinschätzung" liegt in der zu geringen Größe des Untersuchungsobjekts. Es hat sich

Tab. 2. Untersuchungsergebnisse über die Abhängigkeit der Korngröße der Quarze im Hohenbockaer Glassand von der Primärgenese der Quarze (Angaben in Korn-%)

| Primärgenese | | Fraktion (mm) 0,1—0,16 | 0,16—0,2 | 0,2—0,25 | 0,25—0,315 | 0,315—0,4 | 0,4—0,5 |
|---|---|---|---|---|---|---|---|
| Granitquarz | (N) | 40 | 38 | 40 | 41,5 | 43 | 43,5 |
| | (W) | — | 37 | 39 | 43 | 40 | 36 |
| Metam. Quarz | (N) | 44 | 44 | 32 | 22,5 | 25 | 22 |
| | (W) | — | 34 | 28 | 22 | 27 | 32 |
| Porphyrquarz | (N) | 15 | 19 | 31 | 36 | 31 | 32,5 |
| | (W) | — | 29 | 33 | 35 | 33 | 32 |
| Mittelwerte | | | | | | | |
| Granitquarz | | 40 | 37,5 | 39,5 | 42,3 | 41,5 | 40 |
| Metam. Quarz | | 44 | 39 | 30 | 22 | 26 | 27 |
| Porphyrquarz | | 15 | 24 | 32 | 35,5 | 32 | 32 |

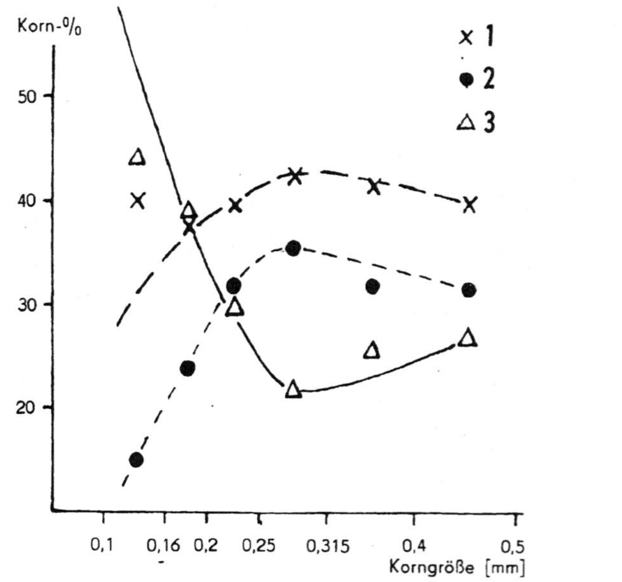


Abb. 2. Abhängigkeit der Zusammensetzung der Kornfraktionen des Hohenbockaer Quarzsands von der Primärgenese der Quarze (präzisierte Korrelation)
1 — Granitquarz, 2 — Porphyrquarz, 3 — Metamorpher Quarz

gezeigt, daß die untere Grenze für derartige Untersuchungen eine Korngröße von 0,16 mm ist. Unterhalb dieser Korngröße nimmt die Sicherheit der Bestimmung stark ab.
Die Ergebnisse zeigen, daß selbst in einem so eng klassierten (über 90% des Sandes in den Fraktionen 0,1 bis 0,3 mm), hochreinen Quarzsand die Quarze eine unterschiedliche Primärgenese haben können und daß diese eine Korrelation zur Korngröße des Sediments aufweist.
Erste Testuntersuchungen an Sandproben aus anderen Lagerstätten zeigen, daß in allen diesen Sedimenten eine derartige Korrelation, wenn auch mit anderen Kornprozentanteilen, vorliegt. Da aus der Arbeit von BLANKENBURG (1977) bekannt ist, daß beim Hohenbockaer Quarzsand folgende weitere Beziehungen vorliegen (Abb. 3):
Zunahme der mittleren Korngröße bei:

Zunahme des Rundungsgrads,
Zunahme des Oberflächenrauhigkeitsgrads,
Abnahme der Splittrigkeit,

ist aus den Untersuchungen zur Korrelation Primärgenese der Quarze zur Korngröße im Quarzsand zu schlußfolgern, daß die

— metamorphen Quarze splittriger als die magmatischen sind, aber ihre Oberfläche weniger rauh und zerklüftet ist und daß die
— magmatischen Quarze eine bessere Rundung aufweisen, aber ihre Oberfläche durch eine größere Rauhigkeit gekennzeichnet ist.

Wenn man die neue Interpretation der Genese dieser Lagerstätte (BLANKENBURG 1977) in die Betrachtung einbezieht, nach der die metamorphen Quarze einen größeren Transportweg als die Porphyrquarze zurückgelegt haben

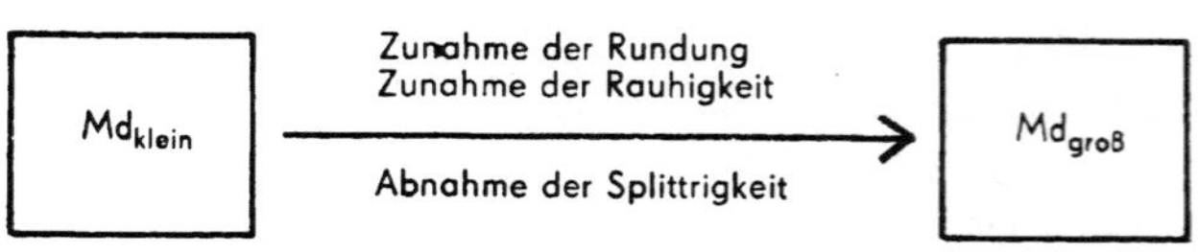


Abb. 3. Beziehungen zwischen der mittleren Korngröße (Md-Wert), der Rundung und Oberflächenrauhigkeit im Hohenbockaer Quarzsand

Tab. 3. Der eventuelle aushaltbare Anteil von postmagmatischen Quarzen

| | Fraktion (mm) | | | | | |
|---|---|---|---|---|---|---|
| | 0,1–0,16 | 0,16–0,2 | 0,2–0,25 | 0,25–0,315 | 0,315–0,4 | 0,4–0,5 |
| Porphyrquarz (gesamt) | 15 | 24 | 32 | 35,5 | 32 | 32 |
| davon (eventuell) postmagmat. Quarz | 5 (33,3%) | 9 (37,5%) | 12 (37,5%) | 16 (45,1%) | 15 (47,8%) | 18 (56,3%) |

und wenn man weiterhin berücksichtigt, daß die bei metamorphen Quarzen des öfteren auftretende undulöse Auslöschung unter gekreuzten Nicols ein Ausdruck der unausgeglichenen Spannungen im Kristallgitter sind, kann man daraus ableiten, daß die

— metamorphen Quarze bei den vorliegenden Transportbedingungen im wäßrigen Medium leichter zersplittern als Quarze magmatischer Entstehung und daß die
— magmatischen Quarze weniger leicht zertrümmert werden und deshalb abrollen.

In marinen sandigen Sedimenten müßten demnach bei entsprechend großen Transportwegen die metamorphen Quarze in den feinen Kornfraktionen angereichert sein.
Für die geringfügige Zunahme des Anteils metamorpher Quarze in den Kornfraktionen größer 0,315 mm könnte als Erklärung herangezogen werden, daß nicht alle metamorph gebildeten Quarze mechanisch zertrümmert wurden, daß ein kleiner Teil der Kristalle diese Belastung überstanden hat. Als Folge dieser Interpretation könnte gelten: Alle metamorphen Quarze hatten primär einen Durchmesser von größer 0,3 mm.
Eine andere Erklärung wäre die, daß das Edukt für die feinkörnigeren und das für die grobkörnigeren metamorphen Quarze unterschiedlich ist. Die bisherigen Ableitungen sprechen aber eher für die erste Deutung.
Wie schon oben ausgeführt, ist ein subjektiver Faktor bei der Einstufung der Quarze in die verschiedenen Genesegruppen nicht auszuschließen. So ist es nicht verwunderlich, daß bei etwas unterschiedlicher Wichtung der Meßdaten von dem Anteil Porphyrquarz noch ein Teil postmagmatischer Quarze ausgehalten werden kann. Bei der Untersuchungsserie N wurde die in der Tab. 3 enthaltene Aufgliederung vorgenommen; ob diese zu recht existiert, müssen weitere mikroskopische Arbeiten ergeben.
Die Aussage über die unterschiedliche Primärgenese der Quarze in den Kornfraktionen ist auch für die Nutzung von Bedeutung. Wenn der Sand z. B. im Gießereiwesen mit Bindemitteln versehen wird, spielt die Oberflächenbeschaffenheit der Quarzkörner eine große Rolle, oder wenn der Sand thermisch belastet wird, ist die Vorgeschichte der Quarzkristalle für ihr Verhalten ausschlaggebend. Da solche Untersuchungen also sowohl genetische Aussagen ermöglichen, als auch rohstoffkundlich von Bedeutung sind, ist eine weitere Bearbeitung von Interesse.

## Zusammenfassung

Die Primärgenese der Quarze der Lagerstätte Hohenbocka wurde bestimmt und dabei eine Korrelation zur Korngröße des Sandes, zur Rundung und zur Oberflächenrauhigkeit der Quarzkörner herausgearbeitet. Auf die Bedeutung der Untersuchungen für geologisch-genetische Aussagen und rohstoffkundliche Problemstellungen wurde hingewiesen.

## Резюме

Определен первичный генезис кварцов месторождения Хоенбока и при этом разработана корреляция для величины зерен песка, для окатанности и для шероховатости поверхности кварцевых зерен. Указывается на значение исследования для геолого-генетических высказаний и для проблем сырьевого хозяйства.

## Summary

The primary genesis of quartzes of the Hohenbocka deposit was determined and correlated with the grain size of the sand, roundness, and surface roughness of the quartz grains. The importance of such investigations for geologic-genetic statements and raw material problems was emphasized.

## Literatur

Blankenburg, H.-J. u. a.: Quarzrohstoffe und deren Verwendung. — VEB dt. Verlag f. Grundstoffind., Leipzig 1977.
Baumann, L. u. a.: Genetische Untersuchungen an Glassanden mit Hilfe von Einschlüssen in Quarzen. — Z. angew. Geol. 22, 12, 555–560, Berlin 1976.

# Zur Geochemie der Spurenelemente Brom, Jod, Bor, Strontium und Lithium in den Mineralwässern des Nordteils der DDR

Voigt, H.-J.; Berlin

Der Chemismus der mineralisierten Grundwässer in den sedimentären Ablagerungen des Nordteils der DDR, die Bestandteil der Norddeutsch-polnischen Senke sind, wurde besonders in den Veröffentlichungen von Müller (1969), Müller & Papendieck (1975) und Lehmann (1974) vom Standpunkt seiner Klassifikation und Genese diskutiert. Wenig Aufmerksamkeit wurde bisher den Gesetzmäßigkeiten der Verbreitung und Anreicherung von Spurenelementen in diesen Wässern gewidmet. Sie ergänzen jedoch wesentlich die Aussagen zur Bildung des Chemismus der Wässer und seiner Wechselbeziehung zum umgebenden Gestein Der Schwerpunkt der Untersuchung wurde auf die Schichtwässer des Buntsandsteins und des Rät-Unterkreidekomplexes gelegt.

Eingang des Manuskripts in der Redaktion: 13. 9. 1976.

## 1. Makrochemismus der mineralisierten Wässer und seine Wechselbeziehung zum umgebenden Gestein

Aus hydrogeologischer Sicht stellt nach der Klassifikation von Owtschinikow (1961) die Norddeutsch-polnische Senke ein Grundwasserbecken 1. Ordnung innerhalb des Grundwasserdrucksystems der Russischen Tafel dar. Hydrochemie und Hydrodynamik der Grundwasserkomplexe werden in entscheidendem Maße von der Verbreitung salinarer Ablagerungen bestimmt.
Obwohl sich die hydrogeochemischen Verhältnisse der Grundwasserkomplexe Trias und Rät-Oligozän äußerst

stark voneinander unterscheiden, lassen sich für beide einige allgemeine Gesetzmäßigkeiten erkennen:

— Maximale Gesamtmineralisationen treten in den zentralen Beckenteilen auf.
— In den Randbereichen im SE und NE nimmt die Mineralisation auf Werte unter 50 g/l ab.
— Rezente Infiltrationsgebiete werden durch erhöhte Werte des $rSO_4 \cdot 100/rCl$-Koeffizienten charakterisiert.

Lithologische Kennzeichen weisen darauf hin, daß der Salzgehalt des Sedimentationsbeckens im Buntsandstein unbedeutend war. Demgegenüber zeichnen sich die rezenten Schichtwässer dieses Komplexes durch erhöhte Mineralisationen, die 320 g/l und mehr erreichen, aus. Den Chemismus der Buntsandsteinwässer analysierend, kam LEHMANN (1974) zu der Schlußfolgerung, daß es sich um salinare Reliktlösungen mit einem hohen Metamorphosegrad handelt. Er verband ihre Genese mit den salinaren Ablagerungen des Röts.

Nach seiner Meinung verdrängten die durch gravitative Umverteilung nach unten sinkenden schweren Mutterlaugen die syngenetischen Buntsandsteinwässer. Heute kann nur schwer der Mechanismus der Umverteilung der Sole rekonstruiert werden, d. h., ob sie infolge der Kompaktion der Rötsalze oder durch gravitative Umverteilung in die Speicher des mittleren Buntsandsteins gelangten. Es sei in diesem Zusammenhang jedoch auf die Untersuchungen von MANHEIM (1974) im Roten Meer verwiesen, der eine vollständige Verdichtung der chemogenen Ablagerungen in einigen Metern Tiefe vom Meeresboden feststellte, was eine gravitative Umverteilung praktisch ausschließt. Neben ausgepreßten salinaren Reliktlösungen aus dem Röt ist eine Beteiligung von Mutterlaugen, die bei der Kompaktion der Zechsteinsalze nach oben abgepreßt wurden, wahrscheinlich. Die Zunahme des Anteils chloridischer und sulfatischer Bindemittel der Sandsteine zum liegenden Zechstein (STEPHAN 1970) spricht dafür.

Die paläohydrogeologische Entwicklung der Schichtwässer des mittleren Buntsandsteins wird durch die langandauernde Senkungsperiode des Zentralteils des Beckens (bis zur Unterkreide) bestimmt. Dieser Prozeß sowie die Verbreitung des Rötsalinars bewirkten die Erhaltung der sich nach dem Eindringen der Mutterlaugen bildenden hydrogeochemischen Verhältnisse. Somit sind heute auf einem großen Teil des Untersuchungsgebiets salinare Reliktwässer erhalten geblieben. Für diese sind dabei folgende hydrogeochemische Parameter charakteristisch:

— eine Mineralisation, die 290 g/l übersteigt und 340 g/l erreicht,
— hohe Kalziumgehalte, die bis zu 40% der Kationenzusammensetzung betragen,
— der hohe Metamorphosegrad,
— hohe Werte des $Br \cdot 10^3/Cl$-Koeffizienten.

Ihrer Zusammensetzung nach handelt es sich um Natrium-Kalziumchlorid-Wässer. Gleichzeitig ist die Magnesiumkonzentration gering und erreicht nur in zwei Fällen mehr als 10%. Ansonsten liegt sie um 5%.

Die Herkunft der hohen Kalziumgehalte ist z. Z. unklar. Das Problem wird auch in der Fachliteratur äußerst widersprüchlich diskutiert. Ein Teil des Kalziums kann sich im Ergebnis der Dolomitisierung der Kalksteine im Wasser angereichert haben. Die Karbonate bilden in den Ablagerungen des mittleren Buntsandsteins Linsen und Zwischenschichten, wobei maximale Karbonatgehalte in der Volpriehausen- und Sollingfolge beobachtet werden. Während die Karbonate der Volpriehausenfolge hauptsächlich als Dolomite ausgebildet sind, handelt es sich in der Sollingfolge vorwiegend um Kalksteine, was ebenfalls auf einen Zufluß der Mutterlauge aus dem Zechstein hinweist.

STEPHAN (1970) wies bei der Untersuchung der Diagnose der Gesteine des mittleren Buntsandsteins auf die Kalziumarmut der Silikate hin. Da der Feldspatanteil 26% der Sandsteine beträgt (60% Quarz), kann das ein Hinweis für einen Übergang des Kalziums in die Schichtwässer im Ergebnis diagenetischer Veränderungen der Feldspatmineralien sein. Der genannte Autor stellte weiterhin eine Umwandlung von Kaliumfeldspäten in Albit fest. Jedoch blieb das dabei freiwerdende Kalium nicht in den Wässern erhalten, wovon die geringen Kaliumkonzentrationen der Wässer zeugen. Höchstwahrscheinlich wurde es bei der Neubildung von Tonmineralien (Illit, Muskovit) verbraucht.

Am Nord- und Südostrand des Beckens ist ein deutlicher Infiltrationswassereinfluß in den Schichtwässern des mittleren Buntsandsteins bemerkbar. Jedoch unterscheiden sich beide Gebiete stark voneinander.

Am Südrand war in allen geologischen Perioden ein Alimentationsgebiet vorhanden, dessen Einfluß heute bis in eine Entfernung von ca. 60 km vom Beckenrand bemerkbar ist. Innerhalb dieser Zone ändert sich der Chemismus der Wässer gesetzmäßig vom Beckenrand zum Zentrum von $Cl-SO_4-Na-Ca$-Wässern in $Cl-Na$-Wässer. Neben der Mineralisation und dem Wassertyp nimmt zum Beckenrand hin der Sulfatgehalt der Wässer zu, wobei der Koeffizient $rSO_4 \cdot 100/rCl$ auf Größen über 20 ansteigt. Es ist darauf hinzuweisen, daß auch lokale Infiltrationsgebiete sich durch erhöhte Werte dieses Koeffizienten auszeichnen.

Ein anderes hydrogeochemisches Bild zeichnet sich im N des Untersuchungsgebiets ab, obwohl auch hier zum Beckenrand hin die Mineralisation abnimmt. Jedoch wird diese Abnahme nicht von einer Veränderung des Wassertyps begleitet. Außerdem steigt der Sulfatgehalt der Wässer nicht, was neben den rezenten hydrodynamischen Verhältnissen darauf hinweist, daß gegenwärtig hier keine Infiltration erfolgt. Die hydrogeochemischen Verhältnisse sprechen eher für ein „altes" Alimentationsgebiet. Die Analyse der paläotektonischen Entwicklung des Gebiets zeigt, daß solch ein Nährgebiet, beginnend vom Lias bis zur Unterkreide, existierte.

In vier Bohrungen konnte der Einfluß sich entlastender Rotliegendwässer nachgewiesen werden, die sich durch niedrige Werte des Koeffizienten $\frac{rNa}{rCl}$ und relativ niedrige Werte des $Br \cdot 10^3/Cl$-Koeffizienten auszeichnen.

Im Gegensatz zum Grundwasserkomplex Trias, der sich durch relativ konstante, regional ausgeprägte hydrogeochemische Verhältnisse auszeichnet, findet man im Komplex Rät-Unterkreide ein recht vielgestaltiges hydrogeochemisches Bild. Dies ist in erster Linie auf den Ablauf folgender Prozesse zurückzuführen:

— Auslaugung an Salzstrukturen,
— Infiltration atmosphärischer Niederschläge,
— Entlastung tiefliegender Schichtwässer.

Die Wirksamkeit der Prozesse hängt in starkem Maße von salztektonischen Bewegungen ab. Ihr Anteil an der Bildung des Chemismus der Wässer bestimmte die lokalen und regionalen hydrogeochemischen Gesetzmäßigkeiten des Grundwasserkomplexes. Auf dem Änderungsdiagramm der $\frac{rNa}{rCl}$-Koeffizienten vom Chlorgehalt mit den aufgetragenen Analysen der Buntsandstein- und Rät-Unterkreide-Wässer wurde schematisch die Mischung der drei Ausgangslösungen dargestellt (Abb. 1). Dieses Diagramm wurde im Ergebnis laborativer Untersuchungen konstruiert.

LEHMANN (1974) führte die Genese der Schichtwässer des

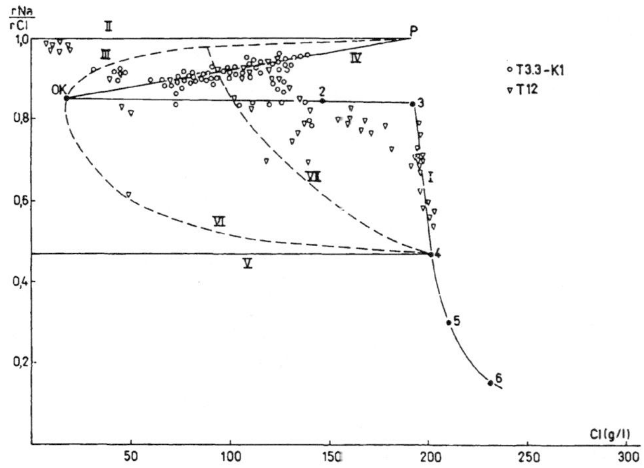


Abb. 1. Abhängigkeitsdiagramm des $rNa/rCl$-Koeffizienten der Wässer der Trias und des Rät-Unterkreidekomplexes vom Chloridgehalt

Kurven: I — Eindunstungskurve Meerwasser;
Mischkurven: II. — destilliertes Wasser + Steinsalz; III. — Meerwasser + Steinsalz; IV. — Meerwasser + Steinsalz (nach LEHMANN 1974); V. — destilliertes Wasser + Mutterlauge; VI. — Meerwasser + Mutterlauge; VII. — Mutterlauge + Wasser, das sich durch Mischung entsprechend Kurve III gebildet hat.
Punkte: OK = Meerwasser; 2—6 = Eindunstungsstadien von Meerwasser; P = gesättigte Steinsalzlösung

Rät-Unterkreide-Komplexes auf Mischprozesse der syngenetischen Sedimentationswässer, die mit Ausnahme der Mineralwässer ähnlich dem Meerwasser waren, mit gesättigten Auslaugungslösungen zurück. Als Beweis führte er die Lage der Punkte auf dem Abhängigkeitsdiagramm $\frac{rNa}{rCl}$ vom Cl-Gehalt an. Jedoch drückt sich eine Mischung dieser Art auf dem Diagramm nicht in Form der Geraden IV aus (LEHMANN 1974), sondern in Form der gestrichelten Kurve III. Wenn die Bildung der Rät-Unterkreide-Wässer auf Grund dieser Prozesse erfolgte, müßten die Punkte entlang dieser Kurve III bzw. links davon liegen. Jedoch ist aus Abb. 1 eindeutig zu erkennen, daß die Mehrzahl der Punkte unterhalb dieser Kurve liegt. Außerdem ist sehr gut erkennbar, daß alle Rät-Unterkreide-Wässer durch eine Vermischung von Auslaugungslösungen (unabhängig vom Lösungsmittel · — syngenetische Sedimentationswässer bzw. Infiltrationswässer) und salinarer Restlaugen der Trias erklärbar sind. Als Beispiel für den Punkt $X$ kann die Gerade III gelten. Die Ergebnisse der Laboruntersuchungen zugrunde legend, bestimmten wir den Prozentanteil der Ausgangslösungen (bzw. -stoffe), d. h. des Meerwassers (bzw. Süßwassers), des Steinsalzes (bzw. der Auslaugungslösung) und der Mutterlaugen der Trias. Die mathematischen Berechnungen mittels EDV ergaben, daß an der Bildung der Schichtwässer des Rät-Unterkreidekomplexes bis zu 50% Buntsandsteinwässer beteiligt sind. Ein erhöhter Buntsandsteinwasseranteil wurde für den Südwest- und den Nordteil des Untersuchungsgebiets festgestellt. Der Anteil der einzelnen Prozesse an der Bildung des Chemismus der Schichtwässer kommt auch in den Veränderungen der Koeffizienten $rNa/rCl$, $Br \cdot 10^3/Cl$ und $rSO_4 \cdot 100/rCl$ im regionalen Plan zum Ausdruck.

Die rezenten Infiltrationseinflüsse spiegeln sich besonders im Sulfatgehalt der Schichtwässer wider. Die Verteilung des $rSO_4 \cdot 100/rCl$-Koeffizienten zeigt, daß auf einen Großteil des Untersuchungsgebiets dieser Koeffizient Werte über 1 annimmt, und nur im Zentral- und Südwestteil des Gebiets sind geringere Werte charakteristisch. Damit ist gegenüber dem Grundwasserkomplex Trias ein wesentlich größerer Infiltrationseinfluß zu verzeichnen. Die Entlastung der Mutterlaugen der Trias drückt sich im Chemismus der Rät-Unterkreidewässer in einer Abnahme der $rNa/rCl$- und damit einer Kalziumzunahme bzw. in einer Zunahme der $Br \cdot 10^3/Cl$-Koeffizienten aus.

Innerhalb lokaler Strukturen treten im Rät-Unterkreide-Komplex unterschiedliche Varianten der Mischung der drei Ausgangslösungen auf, wobei sie jedoch in der Mehrzahl nicht zu einer Veränderung des Wassertyps führen. Fast im gesamten Untersuchungsgebiet sind Mineralwässer vom NaCl- (Cl-A-Typ) verbreitet. Nur im N treten Wässer vom Na—Ca—Cl- (Typ Cl-B2) auf. Gleichzeitig wird dieses Gebiet durch maximale $Br \cdot 10^3/Cl$-Koeffizienten charakterisiert. Wenn man das hydrogeochemische Bild den hydrodynamischen Verhältnissen gegenüberstellt und die hydrogeologischen Verhältnisse des unterlagernden Grundwasserkomplexes berücksichtigt, wird deutlich, daß die hydrogeologischen Verhältnisse im N maßgeblich durch die Entlastung der Buntsandsteinwässer bestimmt werden. Kompliziert wird das Bild durch eine gleichzeitige Mineralisationsabnahme und durch eine Zunahme des Sulfatgehalts, hervorgerufen durch Vermischung mit Infiltrationswässern.

Im Zentralteil des Beckens werden die Ablagerungen fast aller stratigraphischer Folgen des Rät-Unterkreide-Komplexes angetroffen. Damit verbunden ist auch der geringere Infiltrationseinfluß auf die Schichtwässer, der in den niedrigen Werten des $rSO_4 \cdot 100/rCl$-Koeffizienten zum Ausdruck kommt. Da gleichzeitig das Gebiet durch maximale halokinetische Bewegungen gekennzeichnet ist, treten vorrangig Ablaugungswässer in diesem Beckenbereich auf.

Im Unterschied zum Grundwasserkomplex Trias erreichen die Schichtwässer des Rät-Unterkreidekomplexes nicht den Sättigungsgrad von Steinsalz. Es wird auch ein geringerer Metamorphosegrad festgestellt, der sich in Werten des $rCa/rMg$-Koeffizienten zwischen 1,5 und 2 ausdrückt. In einzelnen Fällen sind sogar Werte unter 1 charakteristisch.

## 2. Das Verhalten der Spurenelemente Brom, Jod, Bor, Strontium und Lithium in den mineralisierten Wässern der Trias und des Rät-Unterkreidekomplexes

Während für fast alle Wasseranalysen Brom- und Jodbestimmungen vorliegen, beschränken sich die Kenntnisse über den Bor-, Strontium- und Lithiumgehalt auf ca. 180 Wasserproben, wobei etwa zwei Drittel auf den Komplex Rät-Unterkreide entfallen.

### Brom

Das verbreitetste Spurenelement in mineralisierten Schichtwässern ist Brom, dessen Gehalt teilweise einige Gramm pro Liter erreichen kann. Maximale Anreicherungen sind dabei in salinaren Reliktlösungen zu erwarten, was auch in vielen Grundwasserbecken bestätigt wird (VOIGT 1970, 1972).

Die Gesetzmäßigkeiten der Makrokomponentenverteilung berücksichtigend, müßten folglich maximale Bromkonzentrationen in den Schichtwässern des Zechsteins und des Buntsandsteins anzutreffen sein, wo auch der Bromgehalt zum größten Teil 1 g/l übersteigt. In Übereinstimmung mit den hydrodynamischen und hydrogeochemischen Ver-

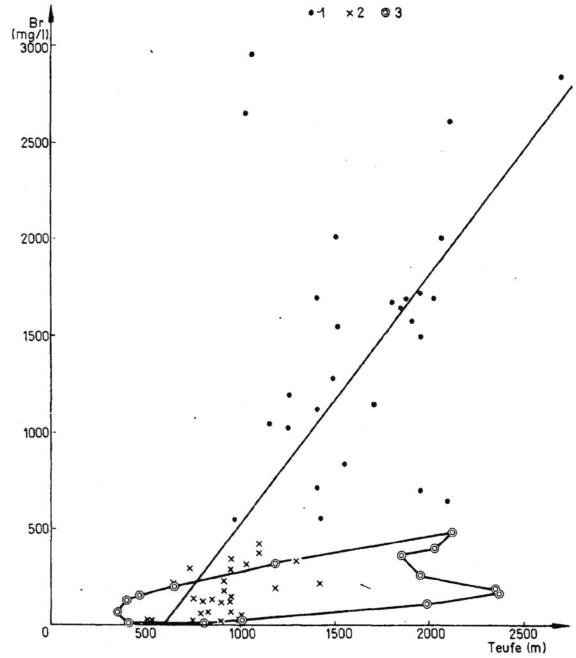


Abb. 2. Abhängigkeitsdiagramm des Bromgehalts der Schichtwässer des Buntsandsteins und des Rät-Unterkreidekomplexes von der Teufe

1 — Buntsandstein, Zentral- und Nordteil; 2 — Buntsandstein, Südrand des Beckens; 3 — Verteilungsfeld Rät-Unterkreide

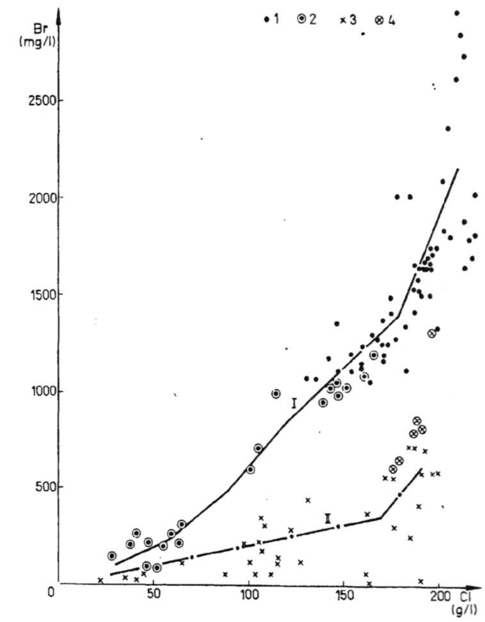


Abb. 3. Abhängigkeitsdiagramm des Bromgehalts der Buntsandsteinwässer vom Chloridgehalt

1 — Zentralteil; 2 — Nordrand; 3 — beckenferner Südrand des Beckens; 4 — beckennaher Südrand des Beckens

hältnissen gliedern sich im Buntsandstein zwei Gebiete aus:

a) der Zentralteil, in welchem die Bromkonzentration über 1 g/l liegt;

b) der Nordteil des Beckens, der sich hinsichtlich des Br · $10^3$/Cl-Koeffizienten nur wenig vom Zentralteil unterscheidet, jedoch auf Grund der Verdünnung durch geringere Bromkonzentrationen charakterisiert wird;

c) der Südteil, in dem sich der Bromgehalt von einigen Milligramm bis auf 1000 mg/l von Beckenrand zum Zentralteil ändert.

Obwohl für alle drei Gebiete eine gewisse Bromzunahme mit der Teufe (Abb. 2) erkennbar ist, drückt sie sich jedoch besonders deutlich im Zentralteil aus, wo der Korrelationskoeffizient $r = 0{,}69$ beträgt.

Die ausgewiesenen drei Gebiete heben sich deutlich auf dem Abhängigkeitsdiagramm des Bromgehalts von der Chlorkonzentration (Abb. 3) ab. Die Schichtwässer des Südrands lagern im unteren Teil des Diagramms und zeichnen sich durch eine relativ große Streuung aus ($\eta = 0{,}2$), die eine Folge der Ablaugung unterschiedlicher Salzablagerungen ist. Am Kontakt mit den Wässern des Zentralteils treten erhöhte Bromgehalte auf. Sie sind auf Vermischungserscheinungen mit den letzteren zurückzuführen. Für die Schichtwässer des Zentral- und Nordteils ist die Korrelationskurve I mit einem Korrelationsverhältnis von $\eta = 0{,}9$ charakteristisch. Sie spiegelt die enge korrelative Beziehung zwischen Brom und Chlor wider.

Mehrfach wurde ein Zusammenhang zwischen der Brom- und Kalziumkonzentration der Wässer nachgewiesen. Jedoch existiert diese Abhängigkeit in stärkerem Maße zur Gesamtmenge der gelösten Erdalkalielemente im Wasser, da bei der Metamorphose der Wässer Brom unbeteiligt bleibt (Abb. 4). Dabei beobachtet man auf dem Änderungsdiagramm zwei Abhängigkeitskurven. Die Gerade I ($r = 0{,}94$) vereint die Mehrzahl der Buntsandsteinwässer. Die Wässer der Korrelationskurve II ($r = 0{,}98$) zeichnen sich durch geringere Bromgehalte bei entsprechenden Konzentrationen der Erdalkalielemente aus. Sie ist charakteristisch für die Wässer des Nordteils (Einfluß Präzechstein) sowie für Wässer, die aus Bohrungen entnommen wurden, die sich in unmittelbarer Nähe von Salzstrukturen befinden. Möglicherweise wurden diese Wässer durch Auslaugung von Kalisalzen überprägt.

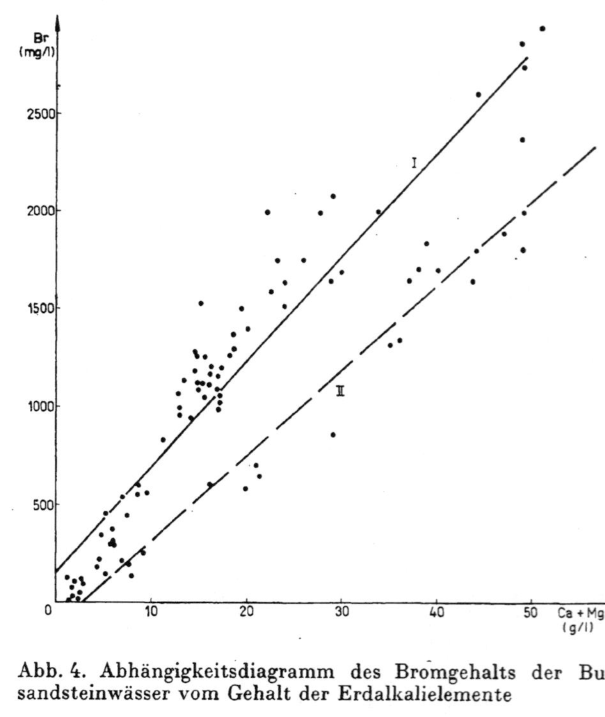


Abb. 4. Abhängigkeitsdiagramm des Bromgehalts der Buntsandsteinwässer vom Gehalt der Erdalkalielemente

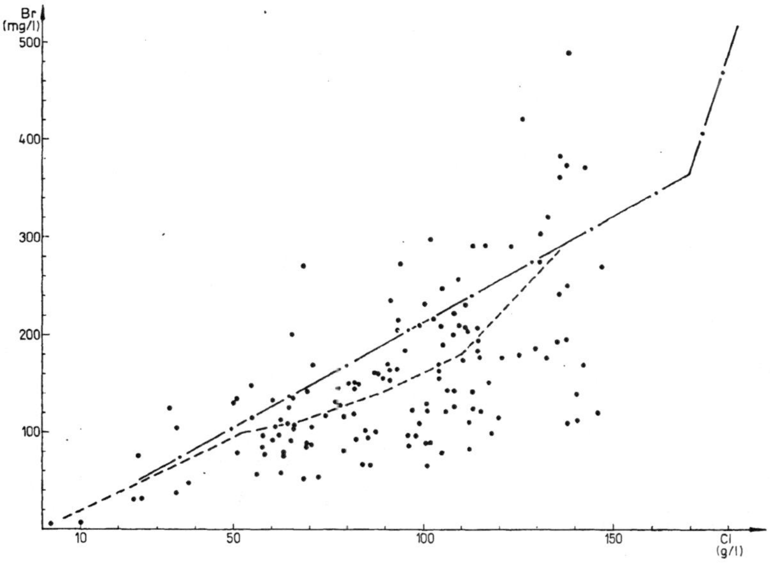


Abb. 5. Abhängigkeitsdiagramm des Bromgehalts der Wässer des Rät-Unterkreidekomplexes vom Chloridgehalt

Kurve I = Korrelationskurve Rät-Unterkreide;
Kurve II = Korrelationskurve Südrand Buntsandstein

Zu gleichen Schlußfolgerungen kam LEHMANN (1974) anhand des Makrochemismus der Wässer.

Der Bromgehalt der Rät-Unterkreidewässer ändert sich von einigen Milligramm pro Liter bis ca. 500 mg/l. Seine Anreicherung wird durch die im vorangegangenen Abschnitt diskutierten Prozesse kontrolliert. Somit treten maximale Konzentrationen in den Becktenteilen auf, die am stärksten durch aufsteigende Buntsandsteinwässer beeinflußt sind.

Im vertikalen Profil nimmt der Bromgehalt vom Rät zur Unterkreide ab. Das Änderungsdiagramm des Bromgehalts von der Chlorkonzentration der Wässer (Abb. 5) zeigt ein analoges Bild wie in den Buntsandsteinwässern des Südrands. Dies bestätigt die Schlußfolgerung, daß für beide der Auslaugungsprozeß der maßgebende für die Bildung des Chemismus war.

### Jod

Wenn man Brom als „hydrogenetisches" Element (WERNADSKI) bezeichnen kann, so ist Jod zu den „biogenetischen" Elementen zu zählen, da seine Konzentration und Verteilung in den Grundwässern maßgeblich von der organischen Substanz im umgebenden Gestein bestimmt werden. Diese Gesetzmäßigkeit bestätigt sich im allgemeinen auch in den Grundwässern der Norddeutsch-polnischen Senke. So werden Maximalgehalte in den Schichtwässern des Zechsteins und Rotliegenden beobachtet.

Die teilweise erhöhten Jodgehalte in den Grundwässern des Doggers, des Malms und der Unterkreide sind auf den Posidonienschiefer zurückzuführen. Erhöhte Gehalte der organischen Substanz treten im Toarce im Westteil des Beckens auf. In diesem Gebiet findet man auch erhöhte Jodgehalte in den Schichtwässern des Doggers, des Malms, der Unterkreide und des Tertiärs. In den anderen Gebieten und Grundwasserleitern des Rät-Unterkreidekomplexes übersteigt die Jodkonzentration selten 5 m/l. Interessant ist, daß erhöhte Jodgehalte in dem genannten Gebiet nicht nur in dem unmittelbar über den Posidonienschiefer lagernden Grundwasserleiter auftreten, sondern in allen überlagernden Grundwasserleitern des Grundwasserkomplexes. Diese Erscheinung beweist die enge hydraulische Verbindung aller Grundwasserleiter des Rät-Unterkreidekomplexes.

Bis zum gegenwärtigen Zeitpunkt konnten in der Fachliteratur keine allgemeingültigen Gesetzmäßigkeiten der Wechselbeziehung des Jods zu anderen Schichtwasserkomponenten nachgewiesen werden. Die statistischen Untersuchungen verschiedener Autoren (KUDELSKI & KOSLOW (1970), MALSKAJA (1969), PICH & TUREK (1969), u. a.) in verschiedenen Grundwasserbecken erbrachten lediglich, daß in den meisten Fällen maximale Jodgehalte in Wässern mit einer Mineralisation von 50 bis 150 g/l anzutreffen sind.

Die Jodverteilung in den mineralisierten Grundwässern der Norddeutsch-polnischen Senke beweist, daß auch diese „Gesetzmäßigkeit" nur eine begrenzte Gültigkeit besitzt, da maximale Jodkonzentrationen in den äußerst hochkonzentrierten Solen des Zechsteinkomplexes beobachtet werden. Im Komplex Rät-Unterkreide fallen die maximalen Jodanreicherungen im allgemeinen in das genannte Mineralisationsintervall (Abb. 6).

Eine korrelative Verbindung des Jodgehalts konnte mit der $NH_4$-Konzentration der Wässer gefunden werden ($\eta = 0{,}75$) (Abb. 7). Dabei ist charakteristisch, daß sich bis zu einer $NH_4$-Konzentration von 30 mg/l praktisch

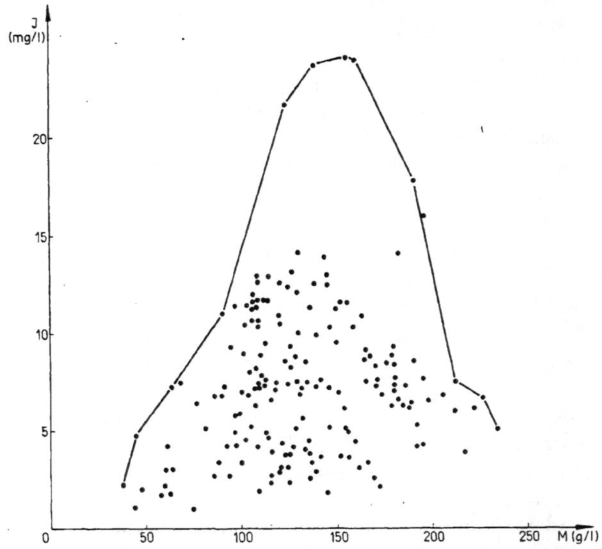


Abb. 6. Abhängigkeitsdiagramm des Jodgehalts der Wässer des Rät-Unterkreidekomplexes von der Gesamtmineralisation

— Umrandende des Verteilungsfelds

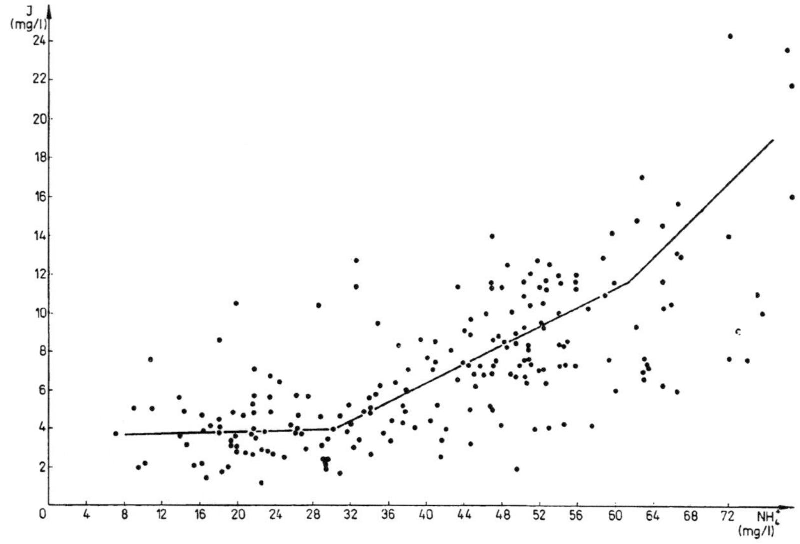

Abb. 7. Abhängigkeitsdiagramm des Jodgehalts der Wässer des Rät-Unterkreidekomplexes von der $NH_4^+$-Konzentration

der Jodgehalt nicht verändert, erst über diesem Grenzwert ist eine fast geradlinige Abhängigkeit zwischen beiden Lösungskomponenten zu erkennen.

**Bor**

Die Analyse der geochemischen Gesetzmäßigkeiten der Verbreitung von Bor in mineralisierten Grundwässern zeigt, daß seine Anreicherung hauptsächlich mit drei Prozessen verbunden ist:

— mit aufsteigenden endogenen Lösungen und Gasen, worauf u. a. die hohen Borkonzentrationen in den Wässern geosynklinaler Gebiete (bis 600 mg/l) zurückzuführen sind,
— mit Eindunstungsprozessen von Meerwasser,
— mit der Auslaugung von Boraten.

Ausgehend von der Analyse der geologischen und hydrogeologischen Verhältnisse der Norddeutsch-polnischen Senke und die genannten Prozesse berücksichtigend, sind erhöhte Borkonzentrationen in den Schichtwässern der Grundwasserkomplexe Präzechstein, Zechstein und Trias zu erwarten. Maximale Borkonzentrationen treten tatsächlich in den Zechsteinsolen auf, und in etwas geringeren Mengen im Rotliegenden.
Jedoch konnten nur geringe Borgehalte in den untersuchten Buntsandsteinwässern gefunden werden, obwohl ihre Genese ebenso wie die der Zechsteinwässer auf salinare Reliktlösungen zurückgeführt wird. Es muß darauf hingewiesen werden, daß auch in anderen Grundwasserbecken, z. B. im Angara-Lena-Becken (WALJASCHKO u. a. 1965), der Borgehalt der salinaren Reliktlösungen, die sich in terrigenen Ablagerungen befinden, wesentlich geringer ist als in den primären Mutterlaugen. Das ist mit großer Wahrscheinlichkeit auf die starke Adsorption des Bors durch diese Gesteine zurückzuführen.
Im Vergleich zum Grundwasserkomplex Trias beobachtet man in den Wässern des Rät-Unterkreidekomplexes gegenüber der Gesamtmineralisation relativ erhöhte Borkonzentrationen. Auf dem Abhängigkeitsdiagramm des Borgehalts von der Gesamtmineralisation (Abb. 8) ist eine erhebliche Streuung der Analysenergebnisse zu erkennen, jedoch kommt zum Ausdruck, daß maximale Borkonzentrationen im Mineralisationsintervall 100 bis 200 g/l zu verzeichnen sind, wobei im allgemeinen die gleiche Gesetzmäßigkeit wie für Jod auftritt. Die statistische Auswertung mit Hilfe der Clusteranalyse weist ebenfalls

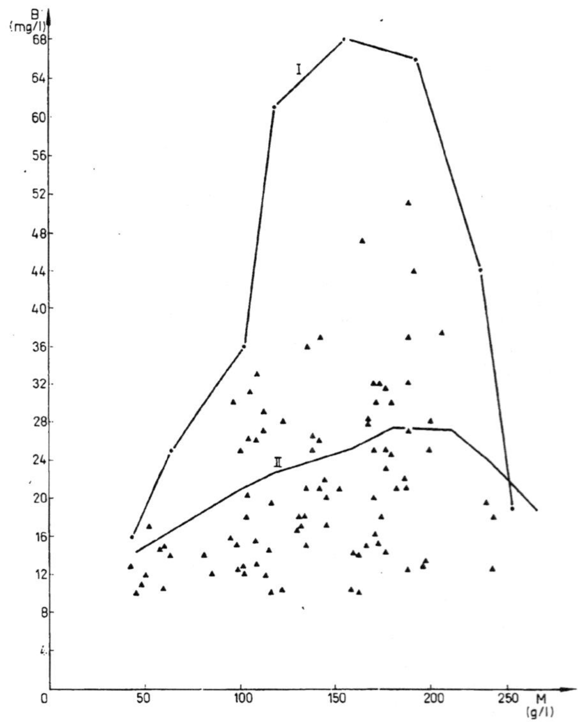

Abb. 8. Abhängigkeitsdiagramm des Borgehalts der Wässer des Rät-Unterkreidekomplexes von der Gesamtmineralisation
I = Umrandende des Verteilungsfelds; II = Korrelationskurve

eine schwache Korrelation zwischen Bor und Jod sowie in geringerem Maße mit $NH_4$ aus. Eine gleichartige Korrelation fand COLLINS (1970) für die Schichtwässer des Miozäns und der Kreide im Lousianabecken.
Maximale Borkonzentrationen in den Schichtwässern des Rät-Unterkreidekomplexes sind im W des Untersuchungsgebiets verbreitet, d. h. in dem Gebiet, für das auch maximale Jodkonzentrationen charakteristisch sind und wo im Sedimentkomplex bituminöse Gesteine auftreten. Folglich muß man zu den obengenannten Prozessen, wie es scheint, noch den Prozeß des Zerfalls der organischen Substanz hinzufügen. Obwohl ein Teil des Bors sich möglicherweise auch durch Auslaugung von Boraten an Salzstockflanken anreichern konnte.

**Strontium**

Die Verbreitungsgesetzmäßigkeiten des Strontiums in der Lithosphäre sind auf das engste mit der Geochemie des Kalziums verbunden. So verwundert es nicht, daß nach den Ergebnissen der Clusteranalyse auch für die Schichtwässer die engste korrelative Beziehung zwischen Strontium und Kalzium besteht. Diese Beziehung existiert in allen Grundwasserkomplexen. Somit ist das Verhalten des Strontiums in den mineralisierten Grundwässern unmittelbar mit den Prozessen der Kalziumanreicherung verbunden. Diese Frage ist jedoch noch nicht vollständig geklärt. Die geochemischen Untersuchungsergebnisse von WEDEPOHL (1969), USDOWSKI (1973) u. a. verallgemeinernd, hängt die Anreicherung von Strontium in den Grundwässern hauptsächlich von folgenden Faktoren ab:

— von den Sedimentationsbedingungen allgemein und konkret vom Karbonat- und Sulfatgehalt der Ablagerungen,
— vom Grad der diagenetischen Veränderungen dieser Ablagerungen.

So geht z. B. bei der Umwandlung der Karbonate nach dem Schema Aragonit—Kalzit—Dolomit ein wesentlicher Teil des Strontiums in die flüssige Phase über.

Die Analyse der Strontiumverteilung in den mineralisierten Grundwässern der Norddeutsch-polnischen Senke bestätigt, daß maximale Strontiumanreicherungen an die karbonatischen bzw. sulfatischen Grundwasserleiter des Zechsteins gebunden sind. Hohe Strontiumkonzentrationen sind auch für die stark metamorphisierten Solen der Grundwasserkomplexe Präzechstein und Trias charakteristisch.

In allen Grundwasserkomplexen ist eine Strontiumzunahme mit zunehmender Teufenlage der Grundwasserleiter zu beobachten. In Übereinstimmung mit den lithologisch-faziellen sowie den oben dargelegten hydrogeochemischen Verhältnissen enthalten die Schichtwässer des Rät-Unterkreidekomplexes geringere Strontiumkonzentrationen.

Der Strontiumgehalt der Karbonate dieses Komplexes weist auf diagenetische Umwandlungsprozesse hin. Des weiteren nimmt im Rät-Unterkreidekomplex der Karbonatgehalt der Ablagerungen von E nach W zu, so daß im wesentlichen Teil des Untersuchungsgebiets im Rät-Unterkreidekomplex prinzipiell günstige Bedingungen (nach den obengenannten Faktoren) für eine Strontiumanreicherung bestehen. Wie jedoch Abb. 9 zeigt, wird die Strontiumkonzentration der Schichtwässer neben den genannten Faktoren durch ihren Sulfatgehalt kontrolliert. Erhöhte Sulfatkonzentrationen in den Wässern schränken die Anreicherung von Strontium ein. Dementsprechend treten erhöhte Strontiumgehalte im Komplex Rät-Unterkreide nur in sulfatarmen Wässern auf.

**Lithium**

Die statistischen Untersuchungen der korrelativen Bindungen des Lithiums mit den anderen Komponenten der Schichtwässer der Norddeutsch-polnischen Senke ergaben, daß sich nur für den Grundwasserkomplex Präzechstein eine sichere Korrelation zwischen Lithium und der Gesamtmineralisation der Lösung finden läßt. Für diesen Grundwasserkomplex sind auch die höchsten Lithiumgehalte der Wässer charakteristisch. Diese Verteilung im Becken entspricht den Erkenntnissen von GOLEWA (mündl. Mitt.), daß maximale Lithiumanreicherungen im Wasser unter Salzablagerungen anzutreffen sind.

Die Beziehung des Lithiums zur Gesamtmineralisation ist weniger stark in den Schichtwässern der anderen Grundwasserkomplexe ausgebildet. Es ist jedoch notwendig zu bemerken, daß eine geochemische Analyse des Verhaltens von Lithium in diesen Wässern dadurch erschwert wird, daß die Lithiumbestimmungen in verschiedenen Laboratorien und innerhalb einer großen Zeitspanne durchgeführt wurden, und sie sich sehr stark unterscheiden. Im Unterschied dazu wurden die chemischen Analysen der Präzechsteinwässer im Verlauf der letzten Jahre in einem Laboratorium bestimmt und sind deshalb gut vergleichbar.

Unabhängig davon kann man feststellen, daß die Lithiumgehalte der Schichtwässer des Zechsteins und Buntsandsteins die Konzentration des Lithiums in Mutterlaugen (d. h. den Eindunstungsprodukten von Meerwasser) um ein Vielfaches übersteigt. Das bedeutet, daß seine Anreicherung nicht unmittelbar auf salinare Reliktlösungen zurückgeführt werden kann. Diese Gesetzmäßigkeit wird auch in anderen Grundwasserbecken, wie z. B. dem Angara-Lena-Becken, beobachtet. Trotz vielfältiger Diskussion in der internationalen Fachliteratur ist das Problem bis heute als ungeklärt anzusehen (VOIGT 1972). Als mögliche Stofflieferanten könnten Tone in Frage kommen, deren Lithium-Clarkwert über dem der anderen Sedimente liegt. Unter den Tonen sind dabei besonders Kaolinite und Salztone mit Lithium angereichert, ins Auge zu fassen.

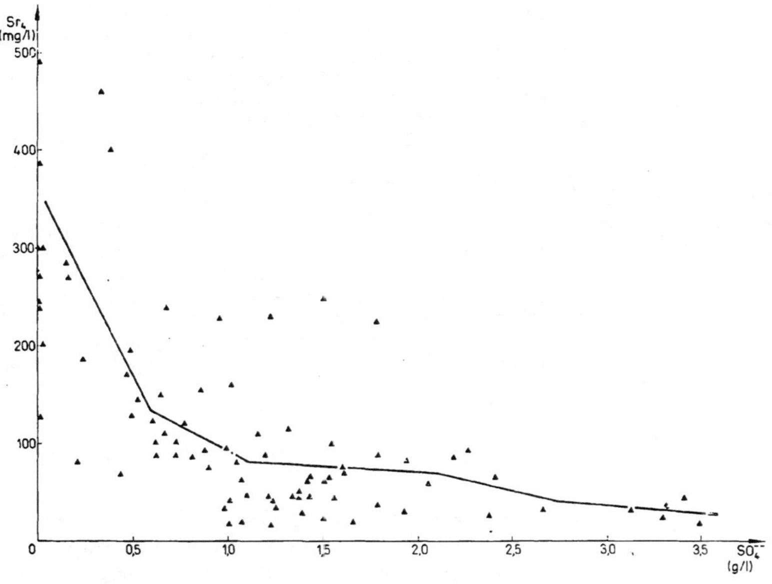


Abb. 9. Abhängigkeitsdiagramm der Strontiumkonzentration der Wässer des Rät-Unterkreidekomplexes vom Sulfatgehalt
T 33-K 1, = 0,81

## Zusammenfassung

Die regionale Verbreitung der Spurenelemente Brom, Jod, Bor, Strontium und Lithium in den Mineralwässern des Nordteils der DDR und die statistische Auswertung ihrer Wechselbeziehung zu den anderen Schichtwasserkomponenten zeigen, daß die Anreicherung von Brom in den Wässern eng mit der Bildung des Makrochemismus der Lösung verbunden ist. Dagegen kann das Verhalten der anderen Spurenelemente in den Grundwässern nicht unmittelbar auf diesen Prozeß zurückgeführt werden. Jod und Bor lassen eine korrelative Bindung zur organischen Substanz im umgebenden Gestein erkennen. Die Anreicherung von Strontium in den mineralisierten Grundwässern wird neben den lithologisch-faziellen Bedingungen vom Sulfatgehalt der Wässer kontrolliert.

## Резюме

Региональное распределение микроэлементов (бром, йод, бор, стронций и литий) в подземных минерализованных водах северной части ГДР, а также статистическая обработка взаймосвязи с другими компонентами подземных вод показывают, что накопление брома в подземных водах тесно связано с формированием макросостава растворов. В отличии от этого поведение других микроэлементов нельзя непосредственно связать с этим процессом. Для йода и бора намечается некоторая корреляционная связь с органическим веществом в окружающихся породах. Накопление стронция в подземных минерализованных водах определяется наряду с литофациальными условиями содержанием сулфатионов в воде.

## Summary

The regional distribution of the trace elements bromine, iodine boron, strontium and lithium in mineral waters of the north of the G.D.R., as well as the statistical evaluation of their correlations with other stratum water components show that the enrichment of bromine in the waters is very closely connected with the formation of the macrochemism of the solution, whereas the behaviour of the other trace elements in ground waters cannot immediately be attributed to this process. Iodine and boron show a correlative bond with the organic substance in the surrounding rock. The enrichment of strontium in mineralized ground waters, in addition to lithological-facial conditions, is controlled by the content of sulphate of the waters.


## Literatur


COLLINS, A. G.: Geochemistry of some petroleum-associated waters from Louisiana. — Bureau of mines report, 7326 (1970).

KUDELSKI, A. W.; KOSLOW, M. F.: Geochemie, Bildung und Verbreitung von Jod-Brom-Wässern (russ.). — Verlag Nauka i technika, Minsk 1970.

LEHMANN, H. W.: Geochemie und Genesis der Tiefenwässer der Nordostdeutschen Senke. — Z. angew. Geol., **20**, Teil I: 11, Teil II: 12, 551—557, Berlin 1974.

MALSKAJA, R. W.: Korrelationsanalyse bei der Untersuchung der Verbreitung von Spurenelementen in den Grundwässern Transkarpatiens (russ.). — Geol. i rasw. 1, Moskau 1969.

MANHEIM, F. T.: Porosity, density, grain density, and relatet physical properties of sediments from the redsea drill cores. — I. Report of Deep Sea Drillings Project, 23, Washington 1974.

MÜLLER, E. P.: Zur Geochemie der Tiefenwässer und der organischen Substanz im Nordteil der DDR. — Z. angew. Geol., **15**, 113—124, Berlin 1969.

MÜLLER, E. P.; PAPENDIECK, G.: Zur Verteilung, Genese und Dynamik von Tiefenwässern unter besonderer Berücksichtigung des Zechsteins. — Z. geol. Wiss., **3**, 2, Berlin 1975.

OWTSCHINNIKOW, A. M.: Grundwasserdrucksysteme der Erdkruste. (russ.). — Geol. i Rasw., 8, (1961).

PICH, J.; TUREK, S.: Zaleznose zawartosci jodee od wieku utworow i mineralizagi wod podziemnyvh wystepujacych v srdkowej czesci zapad liska przed karpackigo. Rezegel geol. — **17**, 9, (1969).

USDOWSKI, E.: Das geochemische Verhalten des Strontiums bei der Genese und Diagenese von Ca-Karbonaten und Ca-Sulfat-Mineralien. — Contr. Mineral. Petrol., **38**, Berlin 1973.

WALJASCHKO, M. G.; POLIWANOWA, A. I. u. a.: Geochemie und Genesis der Solen des Irkutsker Amphitheaters (russ.). — Verlag Nauka, Moskau 1965.

VOIGT, H.-J.: Die Anreicherungsbedingungen von Brom in den unterirdischen Solen am Beispiel der hochmineralisierten Solen des Angara-Lena-Beckens. — Z. angew. Geol., **16**, 11/12, 479—484, Berlin 1970.

WEDEPOHL, K. M.: Primäre und diagenetische Strontiumgehalte von Karbonat gesteinen. — Ber. dt. Gesellsch. geol. Wiss., B, 14, Berlin 1969.


# Spektrale Analyse und Synthese des äquivalenten Modells waagerechtes unendliches Prisma mit dreieckförmigem Schnitt zwecks Interpretation geophysikalischer Lagerstättenforschung

MILCOVEANU, D., Hunedoara, SR Rumänien

## Einleitung

Bei der Interpretation gravimetrischer, magnetischer und aeromagnetischer Messungen macht es sich notwendig, diese Größen zu entziffern, um danach aus der Gesamtsumme dieser Beobachtungen nur jenen Teil der Informationen auszuwählen und zu verwenden, der sich auf die geologische Struktur bezieht, welche untersucht wird. In diesem Sinne hat SWARTZ (1954) vorgeschlagen, den mathematischen Apparat der spektralen Analyse (FOURIER, frequenziell, harmonisch) zu verwenden. Dieses Verfahren ist von zahlreichen Geophysikern mit Erfolg angewendet worden. Erwähnt seien hier u. a. nur die praktischen Erfahrungen mit der spektralen Analyse von HORTON (1962 und 1964), NEIDELL (1964 und 1966) sowie COTE & DAVIS (1960).

Eine der wirksamsten Methoden, welche normalerweise bei der Interpretation gravimetrischer, magnetischer und aeromagnetischer Lagerstättenforschung verwendet wird, ist diejenige, welche die beobachteten Anomalien mit solchen vergleicht, die auf Grund verschiedener äquivalenter Modelle abgeleitet werden.

Die Anwendung von Modellen ist ein für viele Forschungsbereiche gemeinsames Verfahren. Wegen der vielfältigen Komplexität der Wirklichkeit und der Natur nimmt man vereinfachte Darstellungen zu Hilfe, abstrakte theoretische Modelle der Wirklichkeit beziehungsweise der Natur, die man daraufhin in mathematische Modelle umsetzt. Ist das mathematische Modell gebildet, so ist es weiterhin möglich, das Problem der Dimensionierung der Ursachen, die die natürliche Erscheinung hervorgebracht haben, zu lösen. Im allgemeinen wird angenommen, daß das Anwenden von Modellen eine moderne Forschungstechnik darstellt. Betreffend die Interpretation der gravimetrischen, magnetischen und aeromagnetischen Schürfungsverfahren, werden verschiedene äquivalente Modelle erarbeitet, die auch in der Fachliteratur zu finden sind. Wir erwähnen u. a. die äquivalenten Modelle, die von BOSUM (1968) für die Interpretation magnetischer Anomalien vorgeschlagen wurden.

Das Modell „waagerechtes unendliches Prisma mit dreieckförmigem Schnitt (zweidimensional)" und seine verschiedenen praktischen Anwendungsmöglichkeiten sind von JUNG (1929) vorgeschlagen worden. Die Spektralanalyse und Synthese (FOURIER, frequenzielle, harmonische) dieses Modells wird in vorliegender Arbeit untersucht. Zahlreiche andere Modelle, die auch spektral untersucht wurden und in der Praxis verwendet werden können, sind in beiliegendem Literaturnachweis angeführt.

Eingang des Manuskripts in der Redaktion: 12. 11. 76.

## Formeln und Diagramme

Auf Grund der FOURIERschen Ableitung und des Satzes von WIENERHINCIN, erhält man für das äquivalente Modell, waagerechtes unendliches Prisma (zweidimensional) mit dreieckförmigem Schnitt, nach Abb. 1 folgende Formel für die Berechnung des Leistungsspektrums $P(\omega)$ und der Funktion der Autokorrelation $C(x)$, bezüglich der Variante Antiklinale und der folgenden Größen:

a) gravimetrische ($g$ — Erdanziehung; $gz$ — senkrechter Gradient; $gx$ — waagerechter Gradient und $gzz$):

$$P_g(\omega) = 4(2\pi K\Delta\sigma)^2 \sin^2\theta \cdot \frac{1}{\omega^4} \cdot R(\omega)$$

$$P_{gz}(\omega) = P_{gx}(\omega) = \omega^2 P_g(\omega)$$

$$P_{gzz}(\omega) = \omega^4 \cdot P_g(\omega)$$

$$C_{gzz}(x) = \frac{2}{\pi}(2\pi K\Delta\sigma)^2 \cdot \sin^2\theta \cdot Q(x)$$

b) magnetische und aeromagnetische ($Z$ — die senkrechte Komponente des magnetischen Erdfelds; $Zz$ — der senkrechte Gradient der Komponente $Z$; $H$ — die waagerechte Komponente des magnetischen Erdfelds):

$$P_Z(\omega) = P_H(\omega) = 4(2\pi\Delta J)^2 \cdot \sin^2\theta \cdot \frac{1}{\omega^2} \cdot R(\omega)$$

$$P_{Zz}(\omega) = \omega^2 P_Z(\omega) = \omega^2 P_H(\omega)$$

$$C_{Zz}(x) = \frac{2}{\pi}(2\pi\Delta J)^2 \cdot \sin^2\theta \cdot Q(x)$$

Im Falle der Variante Synklinale, wird in allen Formeln $\theta$ mit $-\theta$ und $\Delta h$ mit $-\Delta h$ ersetzt. Die Werte der Symbole sind in Beilage A angegeben.

Für den in der Praxis oft vorkommenden Fall, daß sich die Auswirkungen mehrerer Strukturen überlagern, sind die Spektralformeln für folgende Fälle festgelegt worden:

a) Die gleichzeitige Wirkung von zwei waagerechten unendlichen (zweidimensionalen) Prismen mit dreieckförmigem Querschnitt für die Variante Antiklinale, welche sowohl identisch sind als auch identisch gelegen sind (nach Abb. 2):

$$P_{g,t}(\omega) = 2P_g(\omega) \cdot \cos(d\omega)$$

$$P_{gz,t}(\omega) = P_{gx,t}(\omega) = 2\omega^2 \cdot P_g(\omega) \cdot \cos(d\omega)$$

$$P_{gzz,t}(\omega) = 2\omega^4 \cdot P_g(\omega) \cdot \cos(d\omega)$$

Es erzeugen demnach zwei identische Modelle im sich ergebenden Leistungsspektrum eine Periodizität, welche

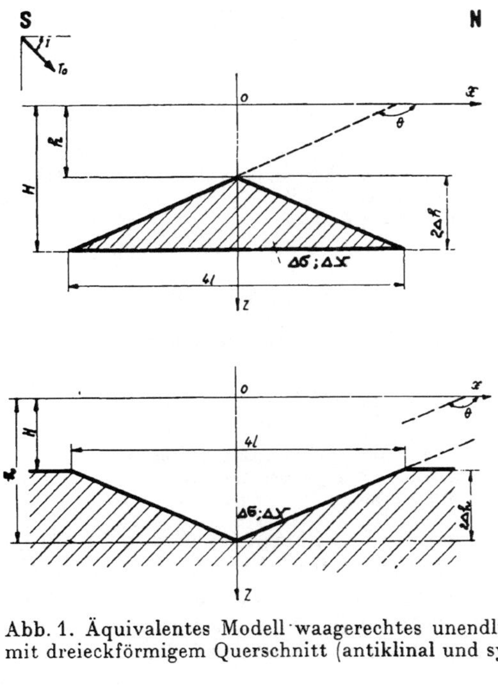


Abb. 1. Äquivalentes Modell waagerechtes unendliches Prisma mit dreieckförmigem Querschnitt (antiklinal und synklinal)

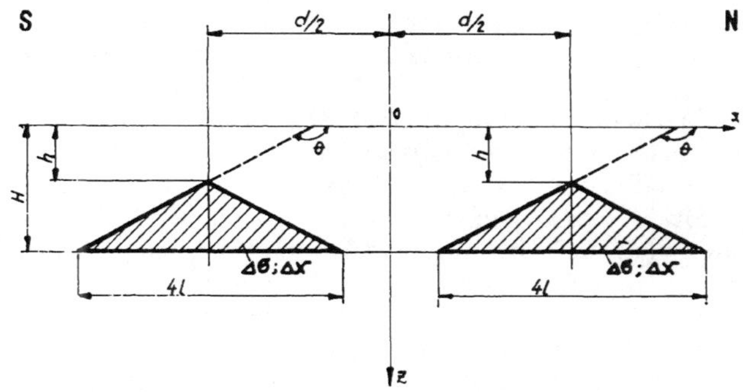


Abb. 2. Zwei waagerechte unendliche Prismen mit Dreieckquerschnitt; antiklinale Variante, deren Auswirkungen sich überlagern

von dem Abstand $\alpha$, der zwischen den beiden in Frage kommenden Modellen abhängt, und welche sich über die von dem auf die Breite von $4l$ ausgedehnten Grundmodell erzeugten Periodizität überlagert.

Für die magnetischen Größen $Z$, $H$ und $Zz$ werden die Berechnungen ähnlich ausgeführt. Ebenso für die Variante Synklinale.

b) Die überlagernde Wirkung einer Reihe von $(2n + l)$ waagerechten, kreisförmigen, unendlichen Zylindern (zweidimensional), die sowohl identisch als auch identisch gelegen sind, und eines waagerechten unendlichen Prismas (zweidimensional) mit dreieckförmigem Querschnitt, Variante Antiklinal nach Abb. 3:

$$P_{g,t}(\omega) = P_g(\omega) + (2\pi K\Delta\sigma')^2 \cdot \pi R^2 \cdot e^{-2t\omega} \frac{\sin(2n-1)\cdot(d\omega)}{\sin(d\omega)}$$

$$P_{gz,t}(\omega) = P_{gx,t}(\omega) = \omega^2 \cdot P_{g,t}(\omega)$$

$$P_{gzz,t}(\omega) = \omega^4 \cdot P_{g,t}(\omega)$$

Für die magnetischen Größen $Z$, $H$ und $Zz$ werden die Berechnungen in ähnlicher Weise ausgeführt.

Was die Berechnung der Funktionen der Autokorrelation bezüglich der überlagernden Auswirkungen von mehreren Modellen betrifft, so werden diese auf Grund ihrer Linearitätseigenschaft ausgeführt, und zwar: die Funktion der Autokorrelation, die sich auf eine Summe von Funktionen bezieht, erhält man durch einfaches Zusammenzählen der Autokorrelationsfunktionen, die den verschiedenen Funktionen entsprechen:

$$C_t(x) = \sum_i C_i(x)$$

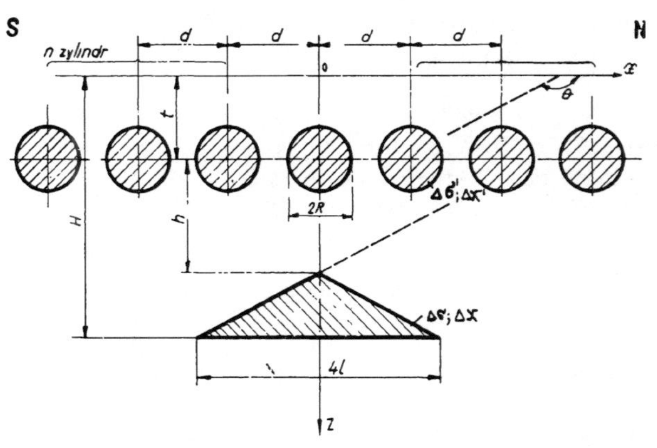


Abb. 3. Ein waagerechtes unendliches Prisma mit Dreieckquerschnitt; antiklinale Variante und $n + 1$ waagerechte unendliche Zylinder, deren Auswirkungen sich überlagern

Für den in der Praxis sehr oft vorkommenden Fall der Trennung der Potentialfelder durch Filter, wie zum Beispiel Ermittlung der Mittelwerte, Ableitung nach der Senkrechten, die analytische Feldfortsetzung nach oben und nach unten usw. muß vermerkt werden, daß, wenn ein Profil oder eine Karte zwecks einer genauen Interpretation einmal gefiltert wurde, eine identische Operation auch auf die theoretische Anomalie angewendet werden muß, die von dem Modell erzeugt wurde.

Nur nach Ausführung dieser Operation kann zum Vergleichen der Anomalien geschritten werden.

Der Satz von den Konvolutionen beweist, daß dem Konvolutionsprozeß zweier reeller Funktionen, der eben das erwähnte Trennungsverfahren darstellt, im Spektralbereich das Produkt der beiden Funktionen entspricht, und zwar:

$$S_f(\omega) = H(\omega) \cdot S(\omega); \quad P_f(\omega) = |S_f(\omega)|^2$$

wobei $S(\omega)$ das nicht bearbeitete Frequenzspektrum ist,
$H(\omega)$ der spektrale Ausdruck der durchgeführten Operation, auch Übertragungsfunktion genannt, und
$S_f(\omega)$ das operierte oder filtrierte Frequenzspektrum.

Mit anderen Worten, das komplizierte Verfahren des Konvolutionsprozesses im realen Gebiet wird ersetzt durch eine einfache Multiplikation im Spektralbereich.

Die Leistungsspektren bezüglich der Gravitation und des Modells waagerechtes unendliches Prisma (zweidimensional) mit dreieckigem Schnitt haben nach Ausführung einiger Filterungen folgende Form:

a) Ermittlung der Mittelwerte nach zwei vom Ursprung um $\delta/2$ gleichweit entfernten Punkten mit der Übertragungsfunktion,

$$H(\omega) = \cos\left(\frac{\delta\omega}{2}\right):$$

$$P_{g,f}(\omega) = 4(2\pi K\Delta\sigma)^2 \cdot \sin^2\theta \cdot \frac{1}{\omega^4} \times [e^{-H\omega} \cdot \cos(2l\omega + \theta) - e^{-h\omega} \cdot \cos\theta]^2 \cdot \cos^2\left(\frac{\delta\omega}{2}\right)$$

b) Ableitung zweiter Ordnung nach der Senkrechten mit der Übertragungsfunktion $H(\omega) = \omega^2$:

$$P_{g,f}(\omega) = 4(2\pi K\Delta\sigma)^2 \cdot \sin^2\theta \cdot [e^{-H\omega} \cdot \cos(2l\omega + \theta) - e^{-h\omega} \cdot \cos\theta]^2$$

also der Ausdruck für das Leistungsspektrum $P_{gzz}(\omega)$; dieses Verfahren wirkt als ein Hochpaßfilter.

c) Die analytische Feldfortsetzung nach oben zum Niveau $+Z$ mit der Übertragungsfunktion,

$$H(\omega) = e^{-z\omega}:$$

$$P_{g,f}(\omega) = 4(2\pi K\Delta\sigma)^2 \cdot \sin^2\theta \cdot [e^{-(H+z)\omega} \cdot \cos(2l\omega + \theta) - e^{-(h+z)\omega} \cdot \cos\theta]^2$$

ebenso, als habe sich die Tiefenlage um $+Z$ vergrößert; dieser Vorgang wirkt als ein Tiefpaßfilter.

d) Die analytische Feldfortsetzung nach unten zum Niveau $-Z$ mit der ungefähren Übertragungsfunktion

$$H(\omega) = e^{z\omega}:$$

$$P_{g,f}(\omega) = 4(2\pi K\Delta\sigma)^2 \cdot \sin^2\theta \cdot [e^{-(H-z)\omega} \cdot \cos(2l\omega + \theta) - e^{-(h-z)\omega} \cdot \cos\theta]^2$$

ebenso, als habe sich die Tiefe um $-Z$ verkleinert; dieses Verfahren wirkt als ein Hochpaßfilter.

Auf ähnliche Weise werden die Ausdrücke für die gefilterten Leistungsspektren und bezüglich der gravimetrischen Größen $gz$, $gx$, $gzz$ sowie der magnetischen Größen $Z$, $H$ und $Zz$ abgeleitet.

## Beispiele

Karten und wirklichkeitstreue Profile der geophysikalischen Größen, und zwar gravimetrische, magnetische und aeromagnetische, welche spektral analysiert wurden (Leistungsspektrum, Schwingungsspektrum und Funktion der Autokorrelation), sind bekannt und auch veröffentlicht worden (COTE & DAVIS 1960; HORTON 1962, 1964; NEIDEL 1964, 1966).

In den Interpretationsbeispielen, die im folgenden gezeigt werden, sind die theoretischen Spektralkurven auf Grund der spektralen Analyse der äquivalenten Modelle mit Hilfe des elektronischen Rechenautomaten Eliott-803 B berechnet worden und können mit jenen verglichen werden, die im praktischen Meßverfahren erhalten wurden.

### 1. Das Modell des waagerechten unendlichen Prismas mit Dreieckschnitt (Diagramm I)

Wir betrachten den Ausdruck des Gravitationsleistungsspektrums $Pg(\omega)$.

Für die abgeflachten Strukturen, Fälle die in der Praxis oft vorkommen, kann man annehmen $\sin\theta \simeq 0$, $\cos\theta \simeq 1$, $e^{-\Delta h\omega} \simeq 1$, worin $\Delta h = H - h$, wobei jetzt der Ausdruck des Leistungsspektrums eine vereinfachte Form annimmt, welche für praktische Anwendungen geeignet sind,

$$P_g(\omega) = 16\pi^2 \cdot (K\Delta\sigma)^2 \cdot \sin^2 2\theta \cdot \frac{1}{\omega^4} \cdot e^{-2h\omega} \cdot \cos^4(l\omega)$$

Zur Vereinfachung der Rechnungen ist im Diagramm I, die Funktion $\omega^4 \cdot P_g(\omega)$ untersucht und dargestellt. Die periodische Funktion $\cos^4(l\omega)$ ist begrenzt durch die Exponentiallinie $y = Ce^{-2h\omega}$, wobei $C = 4(2\pi K\Delta\sigma)^2 \sin^2 2\theta$. Durch Logarithmieren, wobei 2 Abszissen in Betracht gezogen werden, zum Beispiel: $\omega_1 = 0{,}89\ \text{km}^{-1}$ und $\omega_2 = 1{,}24\ \text{km}^{-1}$, erhält man durch einfache Berechnungen

$$h = \frac{1}{2} \cdot \frac{\Delta}{\Omega} \simeq 1{,}15\ \text{km}$$

wobei

$$\Delta = \ln \omega_1^4 P_g(\omega_1) - \ln \omega_2^4 P_g(\omega_2) \text{ und } \Omega = \omega_2 - \omega_1 = 0{,}35\ \text{km}^{-1}$$

Die Periodizität der Funktion $\cos^4(l\omega)$ ist gesichert durch die Bedingung:

$$\cos^4(l\omega) = \cos^4 l(\omega + \Omega) = \cos^4(l\omega + \pi)$$

woraus

$$l\Omega = \pi$$

Nach dem Ersetzen von $\Omega = 0{,}35\ \text{km}^{-1}$ erhält man den Wert des Parameters $l = 9$ km, beziehungsweise die ungefähre Ausdehnung in die Breite $4l \simeq 35$ km.

Wenn wir weiter in dem Ausdruck

$$y = C \cdot e^{-2h\omega}$$

den Wert $\omega_0 = 2{,}3\ \text{km}^{-1}$ ersetzen, so können wir entweder den Wert der Konstanten $C$ und folglich einen der Parameter $\theta$ oder $\Delta\sigma$ erhalten oder den Kontrollwert des Parameters

$$h = \frac{1}{2\omega_0} \ln C; \quad h = \frac{5{,}4}{2 \cdot 2{,}3} = 1{,}17\ \text{km}$$

Wenn wir die Ordinate im Ausgangspunkt betrachten, also $\ln y_0 = 5{,}4$, so erhalten wir selbstverständlich für $\omega = 0$ den Kontrollwert $\ln C = 5{,}4$.

Der Wert der Parameter ($h = 1$ km; $4\,l \simeq 35$ km; $\theta = 175°$), welche zum Aufzeichnen der theoretischen Spektralkurven gewählt wurden, die im Diagramm I zu ersehen sind, stimmen überein mit jenen, welche durch interpretative Berechnungen, so wie oben gezeigt, erhalten wurden.

**2. Modelle des kreisförmigen, waagerechten unendlichen Zylinders (Diagramm II)**

Das Modell ist spektral untersucht worden (GLADKI 1960; ODEGARD & BERG 1965; MILCOVEANU 1970, 1971) und die Ausdrücke für das Leistungsspektrum und für die Funktion der Autokorrelation bezüglich der Schwerkraft sind folgende

$$P_g(\omega) = 4\pi^2 \cdot (K\Delta\sigma)^2 \cdot (\pi R^2)^2 \cdot e^{-2h_0\omega}$$

$$C_g(x) = 8\pi \cdot (K\Delta\sigma)^2 \cdot (\pi R^2)^2 \cdot \frac{h_0}{4h_0^2 + x^2}$$

Indem man den Ausdruck für das Leistungsspektrum logarithmiert und zwei Abszissen in Betracht zieht, $\omega_1 = 0{,}9\ \mathrm{km}^{-1}$ und $\omega_2 = 1{,}4\ \mathrm{km}^{-1}$, erhält man folgenden Wert für den Parameter

$$h_0 = \frac{\Delta}{2\Omega} = 1{,}5\ \mathrm{km}$$

wobei

$$\Delta = \ln P_g(\omega_1) - \ln P_g(\omega_2) = 1{,}5 \text{ und } \Omega = \omega_2 - \omega_1 = 0{,}5\ \mathrm{km}^{-1}$$

Wenn man annimmt, daß der Wert der Ordinate im Ursprung $\ln P_g(0) = 9{,}75$ ist, so entsteht eine Gleichung, mit welcher man $R$ erhält, wenn $\Delta\sigma$ bekannt ist, oder umgekehrt. So hat man z. B. für $\Delta\sigma = 0{,}1$, $R = 1$ km gefunden.
Wenn man weiter die Abszisse $\omega_0 = 3{,}25\ \mathrm{km}^{-1}$, für welche $\ln P_g(\omega_0) = 0$, in Betracht zieht, erhält man eine weitere Kontrollgleichung.

Die Funktion der Autokorrelation ergänzt die Ergebnisse, welche durch die Interpretation des Leistungsspektrums erhalten wurden. Auf diese Art erlaubt die Ordinate im Ursprung $C_g(0) = 1840\ \mathrm{mgal}^2 \cdot \mathrm{km}$ die Bestimmung oder die Überprüfung eines der Parameter $h_0$, $R$ oder $\Delta\sigma$.
Das Leistungsspektrum und die Funktion der Autokorrelation bezüglich der totalen Feldstärke $T$ des Erdmagnetfelds haben folgenden Ausdruck für dieses Modell:

$$P_T(\omega) = (2\pi\Delta J)^2 \cdot (\pi R^2)^2 \cdot \frac{1}{h_0^2} \cdot e^{-2h_0\omega}$$

$$C_T(x) = 8\pi\Delta J^2 \cdot (\pi R^2)^2 \cdot \frac{1}{h_0} \cdot \frac{1}{4h_0^2 + x^2}$$

wobei

$\Delta J = T_0 \sin I_0 \cdot \Delta X$ die Dichte der Magenetisierung ist

Die Werte der Parameter ($h_0 = 1{,}5$ km; $R = 1$ km und $\Delta\sigma = 0{,}1$), welche bei der im Diagramm II dargestellten spektralen theoretischen Kurven in Betracht gezogen wurden, stimmen genau mit denen überein, welche durch interpretative Berechnungen, sowie oben gezeigt, erhalten wurden.

**3. Modell einer geraden zweidimensionalen Treppe (Diagramm III)**

Das Modell ist spektral untersucht worden (TROSCOV 1961, ODEGARD & BERG 1965, MILCOVEANU 1971), wobei der Ausdruck des Amplitudenspektrums $A_{Zz}(\omega)$ des senkrechten Gradienten der $Zz$ Komponente des Erdmagnetfelds folgender ist:

$$A_{Zz}(\omega) = (2\pi\Delta J) \cdot (e^{-h\omega} - e^{-H\omega})$$

Da es sich um eine empirische Funktion handelt, ist es empfehlenswert, für die Bestimmung der Werte der Parameter $h$ und $H$ die Methode der Annäherung zu verwenden (ANGOT 1961, BRONSTEIN & SEMENDJAJEW 1959).
Die Ergebnisse dieser Berechnungen sind: $H = 1$ km und $h = 0{,}59$ km.

Der Ausdruck der Autokorrelation für dieselbe geophysikalische Größe ist:

$$C_{Zz}(x) = 8\pi\Delta J^2 \cdot \left[\frac{H}{4H^2 + x^2} + \frac{h}{4h^2 + x^2} - \frac{H + h}{(H + h)^2 + x^2}\right]$$

Betrachtet man den Wert der Ordinate im Ursprung mit $C_{Zz}(0) = 52\gamma^2 \cdot \mathrm{km}^{-1}$, so erhält man für den Wert des magnetischen Suszeptibilitätskontrastes $\Delta x \simeq 140 \cdot 10^{-6}$.
Wenn wir weiterhin die Abszisse $x_0 = 0{,}8$ km, für welche die Funktion der Autokorrelation gleich Null wird, $C_{Zz}(x_0) = 0$, betrachten, erhalten wir eine andere Kontrollgleichung. Dasselbe kann auch für das Minimum der Funktion der Autokorrelation gesagt werden.

Die Werte der Parameter ($h = 0{,}5$ km; $H = 1$ km und $\Delta X = 140{,}10^{-6}$), welche bei den im Diagramm III dargestellten spektralen theoretischen Kurven in Betracht gezogen wurden, stimmen mit denen überein, welche durch interpretative Berechnungen, so wie oben gezeigt, erhalten wurden.

**4. Modell waagerechtes, unendliches Prisma mit kreisförmigem Schnitt (Diagramm IV)**

Das Modell ist vorgeschlagen worden und sowohl klassisch (MILCOVEANU 1970) als auch spektral (ebenda 1973) untersucht worden, wobei der Ausdruck des Spektrums der Amplituden, bezüglich des senkrechten Gradienten der Gravitation folgender ist:

$$S_{gz}(\omega) = 2K\Delta\sigma \cdot \pi R^2 \cdot e^{-h\omega} \cdot [C(\omega) \cdot \sin(l\omega) - D(\omega) \cdot \cos(l\omega)]$$

wobei die Ausdrücke der Funktionen $C(\omega)$ und $D(\omega)$ in der Beilage $B$ gezeigt werden.
Wenn man folgende Ausdrücke als sehr klein betrachtet in der Größenordnung $10^{-3}$ und $10^{-4}$, also

$$\frac{1}{H_0^4} \simeq 0; \quad \frac{h}{H_0^4} \simeq 0; \quad \frac{1}{H_0^3} \simeq 0; \quad \frac{l}{H_0^4} \simeq 0$$

erhält man durch einige rechnerische Umwandlungen folgenden vereinfachten Ausdruck:

$$S_{gz}(\omega) = 2K\Delta\sigma \cdot \pi R^2 \cdot (a^2 + b^2)^{1/2} \cdot \frac{1}{\omega} \cdot e^{-h\omega} \cdot \sin(l\omega - \varphi)$$

in welchem der Ausdruck der Größen $a$, $b$ und $\varphi$ in der Beilage $B$ gezeigt werden.
Das Leistungsspektrum, welches gleich $|S_{gz}(\omega)|^2$ ist, wird folgenden Ausdruck haben:

$$P_{gz}(\omega) = A \frac{1}{\omega^2} e^{-2h\omega} \cdot \sin^2(l\omega - \varphi)$$

wobei

$$A = 4(K\Delta\sigma)^2 \cdot (\pi R^2)^2 \cdot (a^2 + b^2)$$

Die Periodizität der Funktion $\sin^2(l\omega - \varphi)$ ist gesichert, wenn folgende Bedingung erfüllt ist:

$$\sin^2(l\omega - \varphi) = \sin^2[l(\omega + \Omega) - \varphi] = \sin^2(l\omega - \varphi + \pi)$$

woraus

$$l\Omega = \pi$$

Nach Ersetzen von $\Omega = 0{,}84\ \mathrm{km}^{-1}$ nach Diagramm IV erhält man den Wert des Parameters $l = 3{,}7$ km, beziehungsweise die Ausdehnung in die Breite $2l = 7{,}48$ km.
Die periodische Funktion $\sin^2(l\omega - \varphi)$ ist begrenzt durch den Exponentialausdruck

$$y = A \frac{1}{\omega^2} e^{-2h\omega}$$

Indem wir den Ausdruck logarithmieren und 2 Abszissen betrachten, z. B. $\omega_1 = 0{,}6\ \mathrm{km}^{-1}$ und $\omega_2 = 2{,}2\ \mathrm{km}^{-1}$ beziehungsweise die Ordinaten $\ln y_1 = 6{,}4$ und $\ln y_2 = 0{,}4$ nach Diagramm

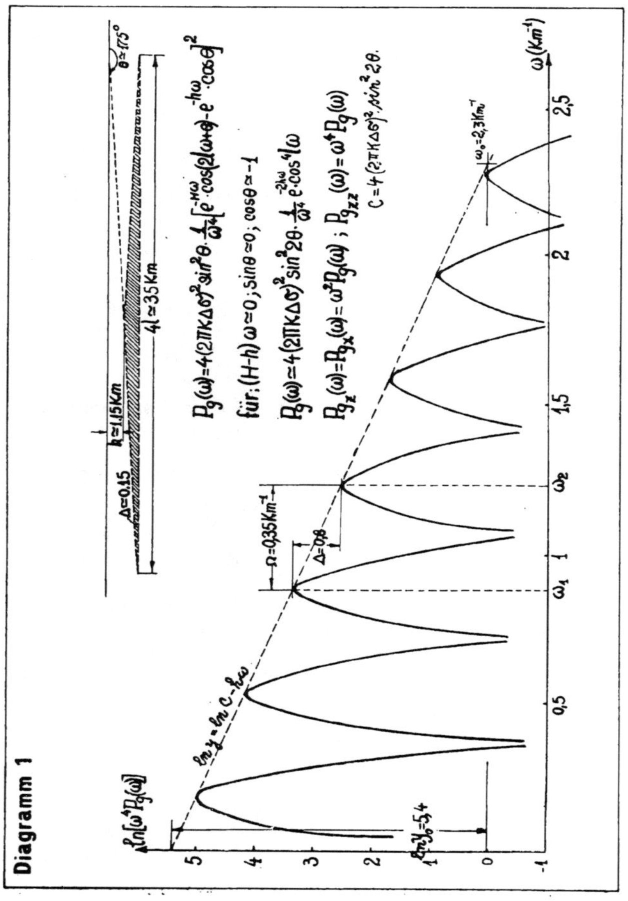

Diagramm 1

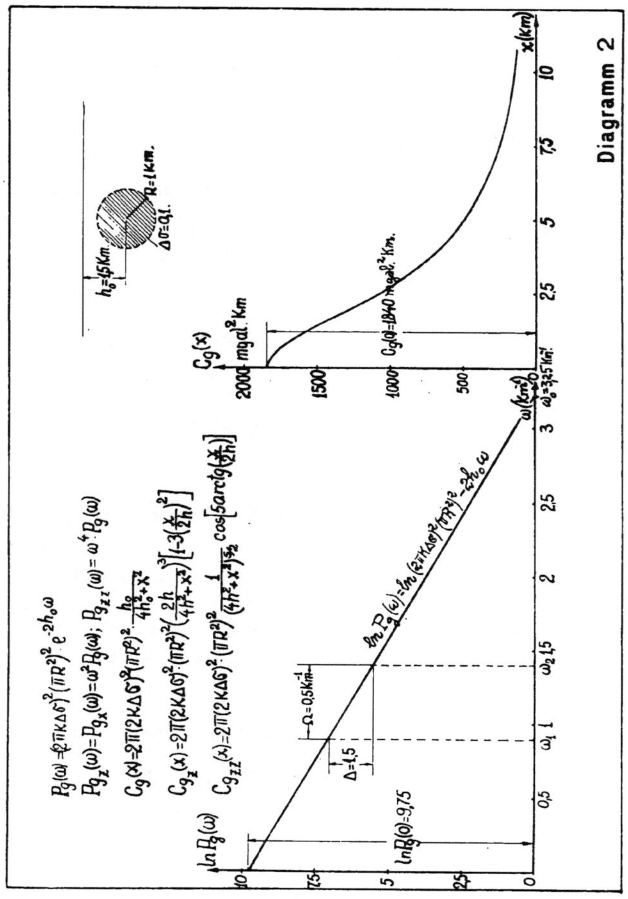

Diagramm 2

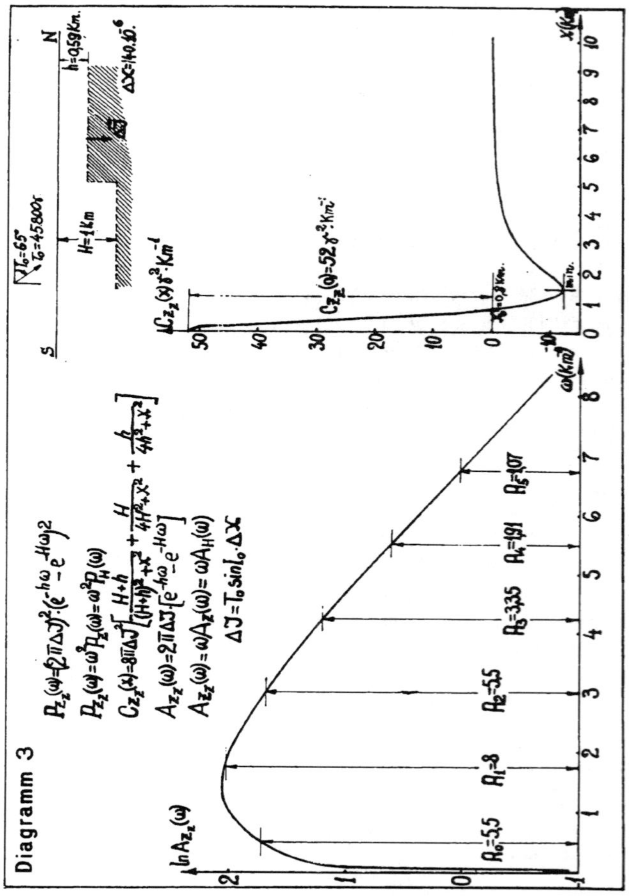

Diagramm 3

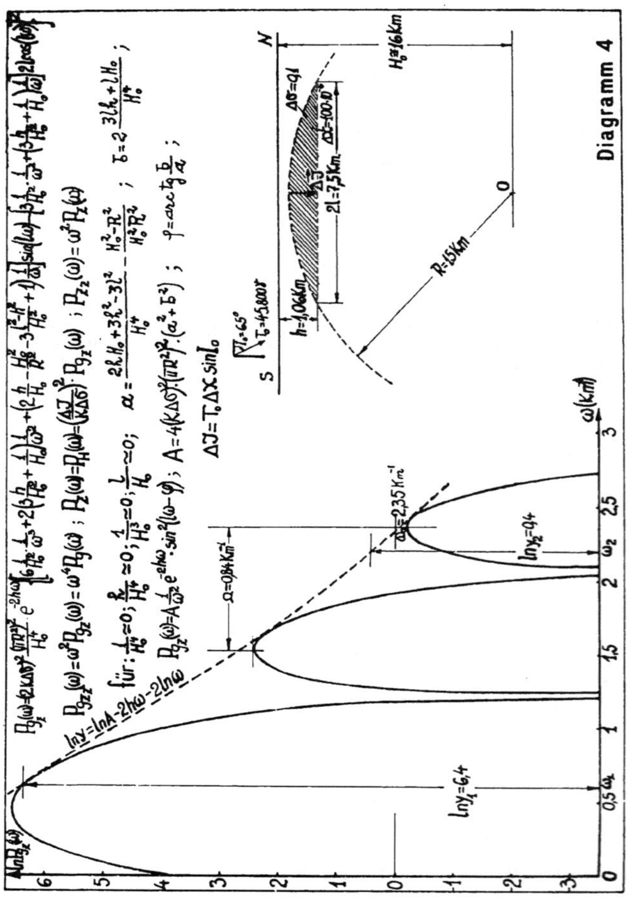

Diagramm 4

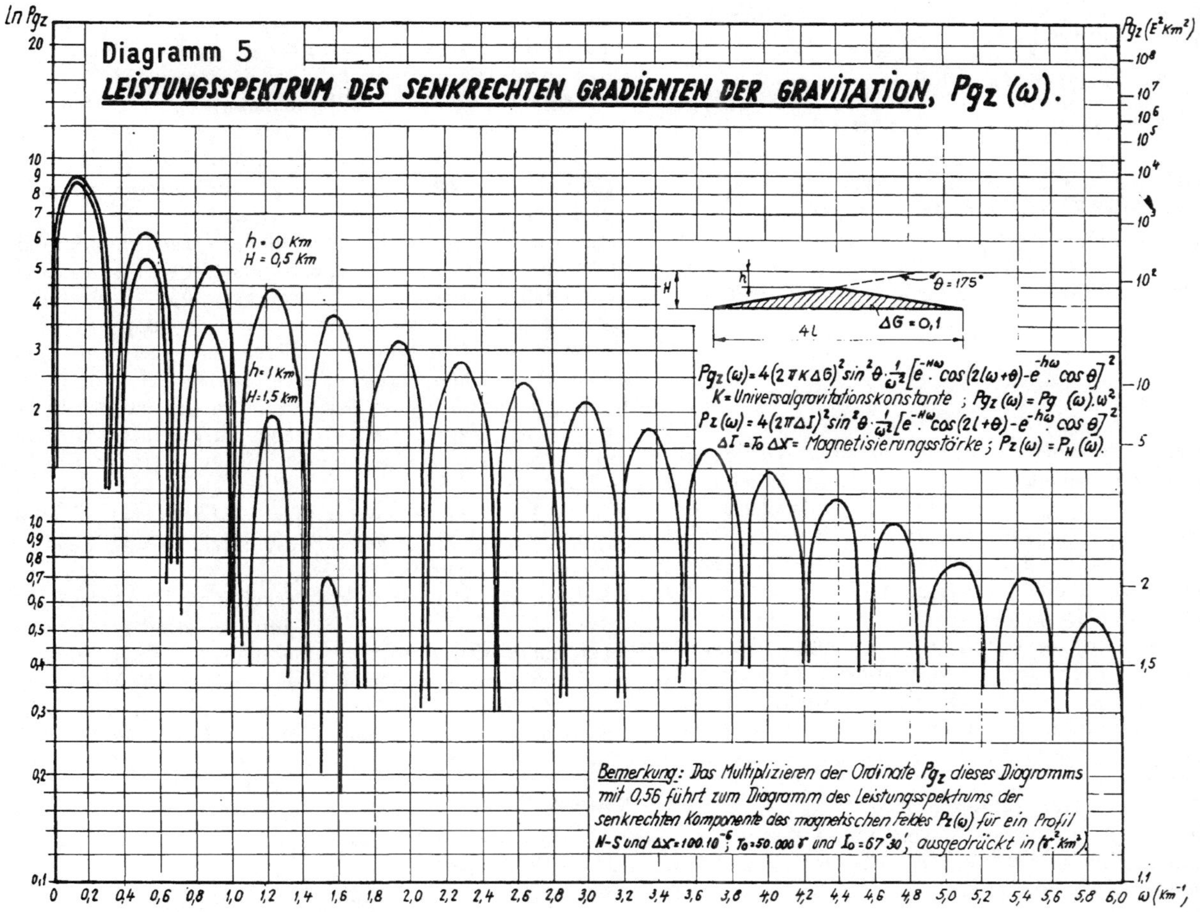


$$P_{gz}(\omega)=4(2\pi K\Delta G)^2\sin^2\theta\cdot\frac{1}{\omega^2}\left[e^{-H\omega}\cos(2l\omega+\theta)-e^{-h\omega}\cos\theta\right]^2$$

$$P_z(\omega)=4(2\pi\Delta I)^2\sin^2\theta\cdot\frac{1}{\omega^2}\left[e^{-H\omega}\cos(2l+\theta)-e^{-h\omega}\cos\theta\right]^2$$

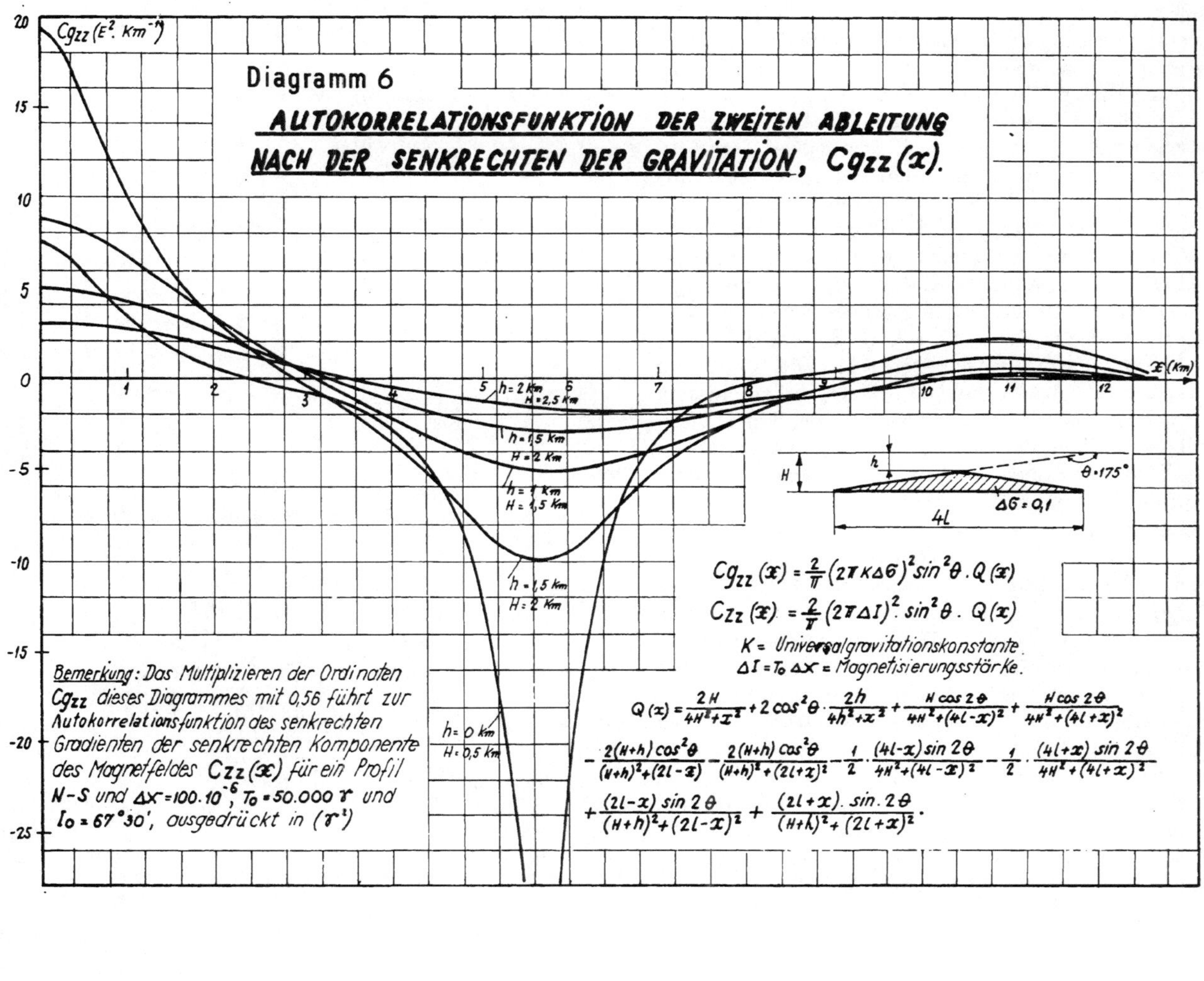


$$C_{gzz}(x)=\frac{2}{\pi}(2\pi K\Delta G)^2\sin^2\theta\cdot Q(x)$$

$$C_{zz}(x)=\frac{2}{\pi}(2\pi\Delta I)^2\sin^2\theta\cdot Q(x)$$

$$Q(x)=\frac{2H}{4H^2+x^2}+2\cos^2\theta\cdot\frac{2h}{4h^2+x^2}+\frac{H\cos2\theta}{4H^2+(4l-x)^2}+\frac{H\cos2\theta}{4H^2+(4l+x)^2}$$
$$-\frac{2(H+h)\cos^2\theta}{(H+h)^2+(2l-x)}-\frac{2(H+h)\cos^2\theta}{(H+h)^2+(2l+x)^2}-\frac{1}{2}\cdot\frac{(4l-x)\sin2\theta}{4H^2+(4l-x)^2}-\frac{1}{2}\cdot\frac{(4l+x)\sin2\theta}{4H^2+(4l+x)^2}$$
$$+\frac{(2l-x)\sin2\theta}{(H+h)^2+(2l-x)^2}+\frac{(2l+x)\cdot\sin.2\theta}{(H+h)^2+(2l+x)^2}.$$

IV, erhält man durch eine einfache Umrechnung den Wert des Parameters $h = 1{,}065$ km.
Wenn wir weiter die Abszisse $\omega_0 = 2{,}35\ \mathrm{km}^{-1}$ betrachten, für welche die Funktion $\ln y = 0$ gleich Null ist, kann man den Wert der Konstanten $A = 2{,}387$ erhalten, wobei wir jetzt die Möglichkeit haben, einen der Parameter $H_0$, $R$ oder $\Delta\sigma$ zu bestimmen.

Die Werte der Parameter ($h = 1$ km; $H_0 = 15{,}5$ km; $R = 15$ km; $2l = 7{,}7$ km und $\Delta\sigma = 0{,}1$), welche bei der im Diagramm IV dargestellten spektralen Kurven in Betracht gezogen wurden, stimmen mit denen überein, welche durch interpretative Berechnungen, so wie oben gezeigt, erhalten wurden.

## Schlußfolgerungen

Tatsächlich ausgeführte Arbeiten auf dem Gebiet der gravimetrischen, magnetischen und aeromagnetischen Lagerstättenforschung, welche in die Ausdrucksart der spektralen Analyse umgewandelt wurden (HORTON, HOFFMANN & HEMPKINS 1962, 1964; NEIDELL 1964, 1966; COTE & DAVIS 1960), beweisen, daß die Interpretationsmethode auf Grund der spektralen Analysen (harmonisch, frequentiell) bezüglich der Anomalien des Erdfeldes für die verschiedenen geophysischen Lagerstättenprobleme angewendet und weiterhin entwickelt werden kann und beweist, daß es sich um eine neue Methode mit vielseitiger und vorteilhafter Anwendungsmöglichkeit handelt.
Allgemein kann gesagt werden, daß nach der praktischen Anwendung dieser Interpretationsmethode folgende Merkmale in Erscheinung getreten sind, die wir als nützlich und interessant betrachten:

Die Spektralgrößen, welche in der neuen Technik der Interpretation verwendet werden, sind statistischer Natur und wertvoller, was den informationellen Inhalt betrifft, im Vergleich zu den klassischen geophysikalischen Größen, welche bis jetzt verwendet worden sind. Auf Grund der analytischen und synthetischen Eigenschaften der FOURIER-Umwandlung weisen die erhaltenen spektralen Kurven, wie z. B. das Spektrum der Amplituden $S(\omega)$, das Leistungsspektrum $P(\omega)$, die Funktion der Autokorrelation $C(x)$ usw. verschiedenartige und kennzeichnende Eigenschaften auf, wodurch eine sichere und im allgemeinen einfache Interpretation gewährleistet wird. Vergleichen wir z. B. die Diagramme I, II, III und IV untereinander bezüglich vier verschiedener Modelle, so können wir feststellen, daß die Möglichkeit besteht, das am meisten entsprechende Modell auszuwählen. Dieses kann überprüft werden, indem man diese Diagramme mit denen vergleicht, die in der Praxis erhalten wurden und die wir im Literaturnachweis angeführt haben.
Die Anzahl der zwei- und dreidimensionalen äquivalenten Modelle, welche spektral untersucht wurden und den Praktikern, die sich mit der Interpretation befassen, vorgeschlagen wurden, ist groß, und der angeführte Literaturnachweis liefert wertvolle Informationen in diesem Sinne.
Im Rahmen der Gruppe der zweidimensionalen Modelle erhalten die abgeleiteten spektralen Ausdrücke, die wichtige Eigenschaften der geschlossenen Ausdrucksweise, in Ausdrücken, von denen jeder bezüglich des betrachteten Modells nur einen Parameter enthält, so daß der Vergleich mit dem in der Praxis erhaltenen Spektraldiagramm und dessen Interpretation von Nutzen ist.
Unter den wichtigen Eigenschaften der Spektralkurven bezüglich verschiedener äquivalenter Modelle, welche in denen durch die Praxis erhaltenen Spektraldiagrammen wiederzufinden sind, führen wir an: die Periodizität, welche durch Ausdrücke, wie $\sin(l\omega)$ beziehungsweise $\sin(l\omega - f)$ hervorgerufen wird und die Begrenzung, hervorgerufen von Ausdrücken wie $e^{-h\omega}$ beziehungsweise $(e^{-h\omega} - e^{-H\omega})$, welche die Bestimmung der Parameter $2l$, $h$ und $H$ erlaubt und welche das Modell beziehungsweise die untersuchte geologische Struktur definieren.
Wenn wir die Verschiedenartigkeit der Ausdrücke und der spektralen Diagramme bezüglich verschiedener äquivalenter Modelle, über die ein Interpret verfügt, in Betracht ziehen, kann die Auswahl des am meisten entsprechenden äquivalenten Modells mit größerer Sicherheit vor sich gehen, was für den Praktiker sehr wichtig ist.
Im allgemeinen kann für jedes in Betracht gezogene äquivalente Modell ein logisches Schema für die Interpretation gebildet werden, welches zu sicheren und genauen Ergebnissen führt.
Das Problem der Trennung der anomalen Felder wird durch die spektrale Analyse gelöst durch Verwendung der Übertragungsfunktion.
Die Gesamtheit der bis jetzt erhaltenen Ergebnisse bestätigt, daß diese Methode der Interpretation gravimetrischer, magnetischer und aeromagnetischer Meßergebnisse zum Auffinden von neuen Erzlagerstätten führen kann, ebenso für das Orientieren der Programme für seismische Lagerstättenuntersuchungen oder auch für Tiefbohrungen.

### Beilage A

$K$ = Massenanziehungskonstante;
$\Delta\sigma$ = Dichtekontrast;
$\Delta J = T_0 \sin I_0 \Delta x$ die Dichte der Magnetisierung ($T_0$, die Totalfeldstärke des magnetischen Erdfelds in der untersuchten Zone; $\Delta x$ der Kontrast magnetischer Suszeptibilität);

$$R(\omega) = [e^{-H\omega} \cdot \cos(2l\omega + \theta) - e^{-h\omega} \cdot \cos\theta]^2$$

$$\begin{aligned} Q(x) = {} & \frac{2H}{4H^2 + x^2} + \frac{4h\cos^2\theta}{4h^2 + x^2} + \frac{H\cos 2\theta}{4H^2 + (4l - x)^2} \\ & + \frac{H\cos 2\theta}{4H^2 + (4l + x)^2} - \frac{2(H+h)\cos^2\theta}{(H+h)^2 + (2l - x)^2} \\ & - \frac{2(H+h)\cos^2\theta}{(H+h)^2 + (2l + x)^2} - \frac{1}{2} \cdot \frac{(4l - x)\sin 2\theta}{4H^2 + (4l - x)^2} \\ & - \frac{1}{2} \cdot \frac{(4l + x)\sin 2\theta}{4H^2 + (4l + x)^2} + \frac{(2l - x)\sin 2\theta}{(H+h)^2 + (2l - x)^2} \\ & + \frac{(2l + x)\sin 2\theta}{(H+h)^2 + (2l + x)^2} \end{aligned}$$

### Beilage B

Die Symbole $K$, $\Delta\sigma$ und $\Delta J$ haben dieselbe Bedeutung wie in der Beilage A.

$$\begin{aligned} C(\omega) = {} & \frac{1}{H_0^2}\left[6 \cdot \frac{1}{H_0^2} \cdot \frac{1}{\omega^3} + 2\left(3\frac{h}{H_0^2} + \frac{1}{H_0}\right) \cdot \frac{1}{\omega^2}\right. \\ & \left. + \left(2\frac{h}{H_0} - \frac{H_0^2}{R^2} - 3\frac{l^2 - h^2}{H_0^2} + 1\right)\frac{1}{\omega}\right] \end{aligned}$$

$$D(\omega) = \frac{2l}{H_0^2}\left[3 \cdot \frac{1}{H_0^2} \cdot \frac{1}{\omega^2} + \left(3\frac{h}{H_0^2} + \frac{1}{H_0}\right) \cdot \frac{1}{\omega}\right]$$

$$a = \frac{2hH_0 + 3h^2 - 3l^2}{H_0^4} - \frac{H_0^2 - R^2}{H_0^2 R^2}$$

$$b = 2\,\frac{3lh + lH_0}{H_0^4}, \qquad \varphi = \operatorname{arctg}\frac{b}{a}$$

## Zusammenfassung

Es wird das äquivalente Modell unendliches Prisma mit dreieckförmigem Schnitt (zweidimensional) zum Zweck seiner Anwendung bei der Interpretation gravimetrischer, magnetischer und aeromagnetischer Lagerstättenforschung dargestellt, und zwar auf der Grundlage der spektralen Analyse und Synthese (frequentielle, harmonische nach FOURIER) der praktischen Meßergebnisse.
Es werden ferner die Formeln für die Leistungsspektren dargestellt sowie die Autokorrelationsfunktionen, die sich auf die die Lagerstättenforschung kennzeichnenden geophysikalischen Größen beziehen. Ebenso wird die Praxis der Interpretation gezeigt und dabei folgende wesentlichen Punkte, die mit einer entsprechenden Interpretation verbunden sind, erörtert: Die Auswahl des entsprechenden Modells, die Ableitung der potentiellen Felder, die Bestimmung der geometrischen und physikalischen Parameter, die die geologische Struktur kennzeichnen u. a. Ergänzend werden einige Zahlenbeispiele angeführt, die sich auf die praktische Anwendung beziehen.

## Резюме

Представляется эквивалентная модель бесконечной призмы с треугольновидным срезом (двухмерным) для применения при интерпретации гравиметрических, магнетических и аэромагнетических исследований месторождений, а именно на основе спектрального анализа и синтеза (частотные, гармонические по ФУРЬЕ) практических результатов измерения. Далее представляются формулы для спектров мощности как и для функций автокорреляции, относящиеся к обозначающимся в исследовании месторождений геофизическим величинам. Также показывают опыт интерпретации и обсуждают при этом следующие существенные точки, которые связаны со соответствующей интерпретацией: Выбор соответствующей модели, производная потенциальных полей, определение геометрических и физических параметров, обозначающие геологическую структуру и др. Как дополнение приводится еще некоторые численные примеры, относящиеся к практическому применению.

## Summary

The equivalent model of infinite prism with triangular (two-dimensional) intersection is presented in view of its application to the interpretation of gravimetric, magnetic and aeromagnetic exploration of deposits, when based on the spectral analysis and synthesis (frequential, harmonic according to FOURIER) of practical results of measurement. Moreover, formulae are presented for the power spectra, as are autocorrelation functions referring to geophysical quantities by which the exploration of deposits is characterized. The practice of interpretation is also shown and essential points connected with a corresponding interpretation are discussed as follows: choice of the corresponding model, derivation of potential fields, determination of the geometrical and physical parameters characterizing the geological structure, etc. To complete, some numerical examples are given and refer to practical applications.

## Literatur

ANGOT, A.: Compléments de mathématiques. Bukarest Ed. de la Revue d'Optique, Paris 1961.
BOSUM, W.: Ein automatisches Verfahren zur Interpretation magnetischer Anomalien nach der Methode der Kleinsten Quadrate. — Geophys. Prospect., **16**, 1, 107—126, Den Haag 1968.
BHATTAKHARYYA, B. K.: Magnetic anomalies due to prisma-shaped bodies with arbitrary polarization. — Geophysics, **29**, 4, Tulsa 1964.
— Continuous spectrum of the total magnetic field anomaly due to a rectangular prismatic body. — Geophysics, **31**, 1, Tulsa 1966.
BRONSTEIN, I.; SEMENDJAJEW, K. A.: Taschenbuch der Mathematik. — C. O. Teubner Verlag, Leipzig 1959.
COTE, L.; DAVIS, I.: The directional spectrum of a wind-generated sea as determined from data obtained by the wave observation project. — J. Meteorolog. Pap., N. Y. Univ., College of Engineering, **2**, 6 (1960).
DEAN, W. C.: Frequency analisis for gravity and magnetic interpretation. — Geophysics, **23**, 1, Tulsa 1958.
GLADKI, K. W.: Rasdelenie sumarnich gravitationich polei kak prozesseastotnoi filtratii. — Prikl. Geofis., **25**, 114, Moskau 1960.
HORTON, C. W.: Mathematical analysis of the microstructure of an area of the bottom of Lake Travis. — J. Tex. Acad. Sci. **14**, 331—342 (1962).
— A statistical analysis of aeromagnetic maps from the northwestern canadian shield — Geophysics, **29**, 4, Tulsa 1964.
JUNG, K.: Zur Bestimmung von Lageausdehnungen einfacher Massenformen unter Verwendung von Gradient und Krümmungsgröße. — Geophys., S. 238, Würzburg 1929.
MILCOVEANU, D.: Die Ausdrücke der relativen spektralen Größen bei den in der gravimetrischen Auswertung verwendeten Modellen. — St. Cerc. geol. geogr. seria Geofis., **9**, **1**, 39—71 (1970).
— Auswertung gravimetrischer Messungen mit Hilfe der Frequenzanalyse. — Petr. si Gaze, **5**, 269—277, Bukarest 1971.
— Some formulas useful in the interpretation of gravitational and magnetic profiles. — Geophysics, **35**, 1, 66—79, Tulsa 1970.
— Die Ausdrücke der relativen spektralen Größen bei den in der magnetischen Auswertung verwendeten Modellen. — St. tschertsch. geol. geogr. geofis. seria Geofis., **2**, 297—322 (1971).
— Spektralanalyse des Modells einer zweidimensionalen, halbunendlichen, schiefen Schicht. — St. tschertschet. geol. geogr. geofis. seria Geofis., **2**, 10, 185—205 (1972).
— Beiträge zur Auswertung gravimetrischer Messungen mit Hilfe der Frequenzanalyse. — Z. angew. Geol., **18**, 1, 25—33, Berlin 1972.
— Die statistisch-mathematische Auswertung und die harmonische Analyse der geophysikalischen Schürfmethoden. — Petr. si Gaze, **21**, **1**, Budapest 1970; **21**, 9 Bukarest 1970.
— Die Auswertung gravimetrischer Messungen mit Hilfe der Autokorrelationsfunktion. — Petr. si Gaze, **24**, **3**, Bukarest 1973.
— Beiträge zu den Auswertungsmethoden mit Hilfe der harmonischen Analyse der gravimetrischen und magnetischen Messungen. — St. cerc. geol. geofis. seria Geofis., **11**, 1, 23—34 (1973).
— Formulas useful in the interpretation of aeromagnetic profiles. — Rev. Roum. Geol., Ser. Geophys., **17**, 2, 217—223, Bukarest 1973.
— Eine Synthese der spektralen Modelle und Diagramme für die Auswertung der gravimetrischen und magnetischen Messungen mit Hilfe der Fourier-Analyse. — St. tschertschet. geol. geogr. geofis. seria Geofis., **13**, 91—132 (1975).
NAIDU, P. S.: Spectrum of the potential field due to random distributed sources. — Geophysics, **33**, D. 337, Tulsa 1968.
— Statistical structure of aeromagnetic field. — Geophysics, **35**, 2, Tulsa 1970.
NEIDELL, N. S.: Spectral studies of marine geophysical profiles. — Diss., Univ. of Cambridge, Cambridge 1964.
— Spectral studies of marine geophysical profiles. — Geophysics, **31**, 1, Tulsa 1966.
ODEGARD, M.; BERG, I.: Gravity interpretation using the Fourier integral. — Geophysics, **30**, 3, Tulsa 1965.
SHARMA, B.; GELDARD, L. P.: Analysis of Gravity anomalies to twodimensional fault using transforms. — Geophys. Prospect, **16**, 77, Den Haag 1968.
SPECTOR, A.; BHATTACHARYYA, B. K.: Energy density spectrum and autocorrelation function of anomalies due to simple magnetic models. — Geophys. Prospect., **14**, 242, Den Haag 1966.
SPECTOR, A.; GRAND, F. S.: Statistical models for interpreting aeromagnetic data. — Geophysics, **35**, 2, Tulsa 1970.
SOLOWJOW, S. A.; ROMANOW, W. W.: Nekotorie, woprost tschistognogo analisa magnetich i gravimetritscheskich anomalii w elektroonich shifritscheskich mashinaach. — Akademia Nauk SSSR. — Sibirskich Otdelenie Sb. geofis., **21**, **4**, Nowosibirsk 1963.
SWARTZ, C. A.: Some geometrical properties of residual maps. — Geophysics, **19**, **1**, Tulsa 1954.
TROSKOW, G.: Primenenie preobrajenii Furiera pri resenii obratnoi problemi magnetii gravimetritscheskich razwedok. — Prikl. Geofis., **30**, Moskau 1962 (1961).

# Die Bedeutung geologisch-geophysikalischer Modelle für die geophysikalische Erkundung unter besonderer Berücksichtigung der im Zechstein zu lösenden Probleme

HAUPT, M.; HERRMANN, H., Leipzig

In der geophysikalischen Erkundung von Kohlenwasserstofflagerstätten werden in zunehmendem Maße aus Ergebnissen feldgeophysikalischer Messungen neben verbesserten Angaben über den strukturellen Bau auch Aussagen über die lithologisch-petrophysikalische Ausbildung bestimmter Schichtkomplexe abgeleitet. Dies bezieht sich insbesondere auf die Reflexionsseismik, wo durch die Einführung der Digitaltechnik die Voraussetzungen für eine umfassendere Ausschöpfung des Informationsgehalts der Meßergebnisse geschaffen wurden. Die Gewinnung von Informationen über die stoffliche Zusammensetzung von Schichten aus feldgeophysikalischen Messungen ist ein komplizierter Prozeß. Entsprechende Daten können erwartet werden, wenn eine komplexe Auswertung mehrerer voneinander unabhängiger Parameter erfolgt. Zur effektiveren Deutung geophysikalischer Messungen ist deshalb in der Interpretationsphase die Nutzung von Modellen erforderlich. Anhand einiger Beispiele aus der Erkundungsproblematik am Zechsteinbeckenrand soll versucht werden, die Wirksamkeit und Effektivität geologisch-geophysikalischer Modelle im Interpretationsprozeß darzulegen. Bei der Zechsteinerkundung am Beckenrand geht es im wesentlichen um den Nachweis biostromer Rifformen.

In zahlreichen Veröffentlichungen wird auf die Bedeutung der physikalischen Parameter bei der Erfassung lithologischer Änderungen bzw. bei der Erfassung von Riffkörpern hingewiesen. Im Ergebnis gezielter Untersuchungsarbeiten konnte festgestellt werden, daß sich Riffkörper gegenüber dem Nebengestein durch

— einen horizontalen Geschwindigkeitsgradienten und
— einen Wechsel in der Laufzeit und im Schwingungsbild abheben.

Die Auswertung dynamischer Parameter wie Frequenz, Amplitude und Absorption in der Umgebung von Riffkörpern ergab eine Abhängigkeit zwischen den Parameterwerten und dem petrographisch-lithologischen Aufbau des untersuchten Schichtpakets. Zur Erkundung des Zechsteinbeckenrands wurden in großem Umfang seismische und gravimetrische Messungen durchgeführt. Daneben erfolgten bohrlochgeophysikalische und petrophysikalische Arbeiten zur Untersuchung der Lithofazies, zur Ermittlung gesteinsphysikalischer Parameter und zur genaueren Bestimmung der Geschwindigkeitsverteilung im Zechstein, speziell im A1/Ca2/A2-Wallbereich. Trotz des Einsatzes eines Komplexes geophysikalischer Methoden konnte die geologische Aufgabe nicht in jedem Fall befriedigend gelöst werden. Ursachen sind:

— Im Bereich der Faziesverzahnung des Na2/A2/Ca2 ist eine sichere Korrelation und geologische Zuordnung der seismischen $Z_1$-Reflexion nicht gewährleistet.
— Bei Vorhandensein von Anhydritvertretungen im unteren Staßfurtsteinsalz ist die $Z_1$-Reflexion vielfach an diesen Anhydrit gebunden, nicht an die Oberfläche des Basalanhydrits.

Diese und andere Ursachen (V-Verteilung) führen zur fehlerhaften Darstellung des Reliefs der Oberfläche des Basalanhydrits und damit zu Strukturbildern, die nicht

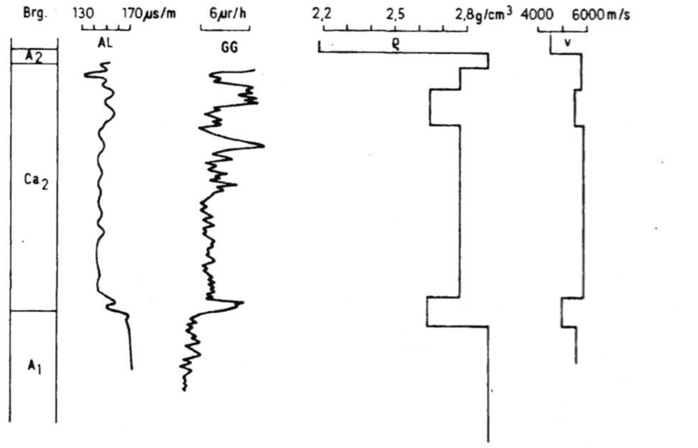

Abb. 1.

die Ca2 bzw. A2-Oberfläche repräsentieren. Daher ergab sich die Notwendigkeit zu prüfen, inwieweit durch die Einbeziehung der Ergebnisse der Bohrlochmessung (z. B. Akustiklog, Gamma-Gamma und andere Meßparameter), der Petrophysik (Dichte, Schallhärte, Geschwindigkeit) und der Bohrlochseismik in die Interpretation der geophysikalischen Daten (Seismik, Gravimetrie) eine Verbesserung der geologisch-geophysikalische Aussage erreicht wird. Für die Modellerarbeitung sind folgende Arbeitsschritte erforderlich:

1) Gewinnung von Dichte- und Schallgeschwindigkeitswerten der Gesteine des Zechsteins: Dolomit, Anhydrit, Halit aus bohrlochgeophysikalischen und petrophysikalischen Daten (Abb. 1);

2) Berechnung mittlerer Dichte- und Schallgeschwindigkeitswerte für die Schichtenfolgen
Werraserie,
Basalanhydrit — Zechsteinbasis,
Hauptanhydrit — Zechsteinbasis,
Staßfurtkarbonat;

3) Erarbeitung petrographisch-petrophysikalischer Modelle für den Schichtenkomplex Leineserie — Werraserie und speziell für das Staßfurtkarbonat (Abb. 2);

4) Berechnung von Schallhärtewerten und Reflexionskoeffizienten an den Grenzen der am Zechsteinprofil beteiligten Gesteine;

5) Umrechnung der petrographisch-petrophysikalischen Modelle in Impulsseismogramme und

6) die Synthetisierung der Impulsseismogramme durch Faltung mit aus Vertikalprofilierungen bestimmten Impulsen (Abb. 3).

Die in den einzelnen Arbeitsschritten erhaltenen Teilergebnisse lassen gesetzmäßige Zusammenhänge zwischen dem Untersuchungsobjekt und den petrophysikalischen Parametern erkennen. Die Bearbeitung erfolgte ohne Berücksichtigung der Absorption und des Deckgebirgseinflusses.

Mit Hilfe der gewonnenen synthetischen Seismogramme ist die Korrelation und geologische Zuordnung der Reflexionen im Seismogramm möglich.

Zu 1. So heben sich poröse Riffkörper zum Nebengestein (dichte Dolomite, Anhydrite) durch Geschwindigkeits- und

Eingang des Manuskripts in der Redaktion: 3. 9. 1976.
Vortrag, gehalten auf dem Berg- u. Hüttenm. Tag, Freiberg 1976, Kolloquium 2.

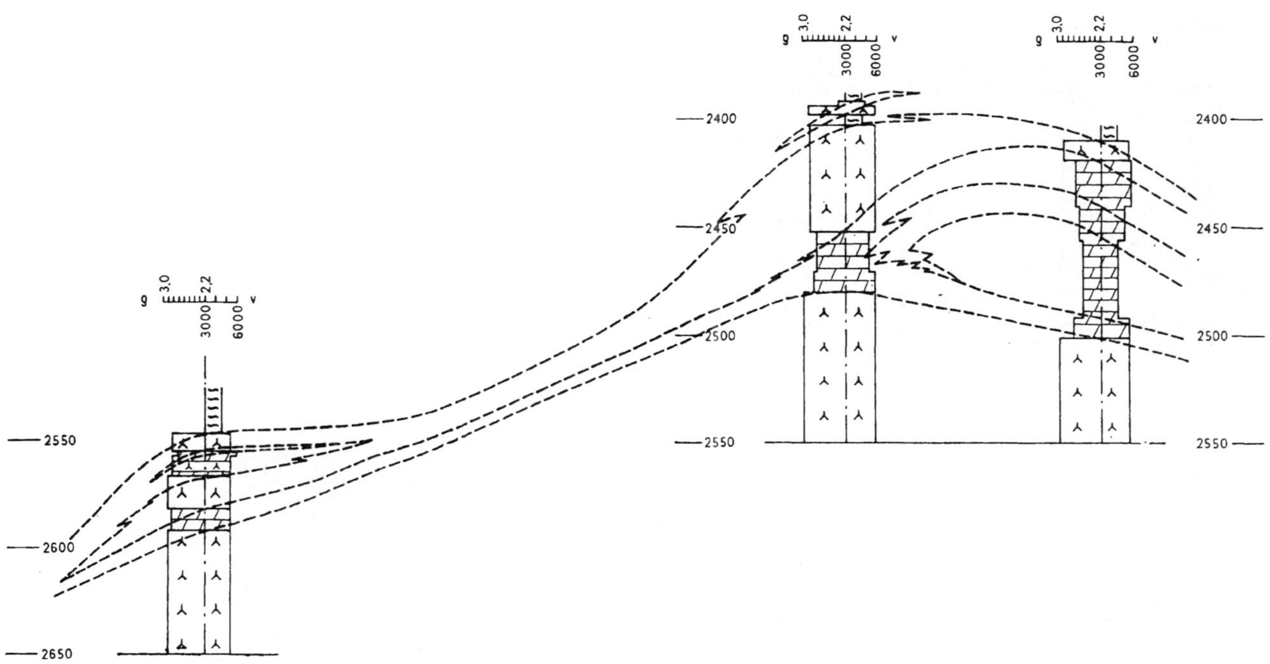

Abb. 2.

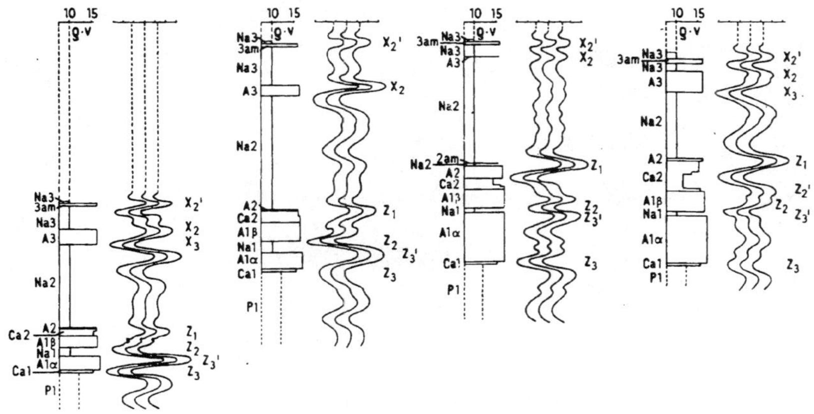

Abb. 3.

Dichtegradienten ab (V bis über 500 m/s, Dichteunterschiede bis 0,5 g/cm³).

Zu 2. Die kartenmäßige Darstellung der Dichte- und Geschwindigkeitswerte aus Bohrungen spiegelt den Wallkomplex A 1/Ca 2/A 2 gut wider.

Zu 3. Aus den petrographisch-petrophysikalischen Modellen lassen sich in Verbindung mit der Lage der Bohrung auf dem Wallkörper Schlußfolgerungen über das Riff ziehen (Größe und Form des Riffs, Flankenbau, Verzahnungszone, Existenz und Verteilung des porösen Karbonats, sein lithofazieller Aufbau in Zusammenhang mit seiner Lage zum Wall).

Zu 4. Sehr gute Reflexionsbedingungen sind theoretisch gegeben an den Gesteinsgrenzen
Salz — Anhydrit/Dolomit,
Dolomit — Dolomit/Anhydrit,
d. h. zwischen den dichten und porösen Schichten.

Zu 5. und 6. Im Ergebnis der Synthetisierung von zahlreichen Impulsseismogrammen aus dem Bereich des Zechsteinbeckenrands lassen sich folgende Feststellungen hinsichtlich der Ausbildung von Reflexionen im Profil treffen:

a) In den Zyklen 3, 2 und 1 sind ausreichend mächtige Sedimente mit guten Reflexionseigenschaften entwickelt.

b) In den Zyklen 5 und 4 kommt es trotz der günstigen Reflexionseigenschaften an den Gesteinsgrenzen wegen der Dünnschichtigkeit der Gesteinsabfolgen nicht zur Bildung von erfaßbaren Reflexionen.

c) Im Bereich des Erkundungsobjekts treten folgende Reflexionen auf: (Abb. 4)

$X_2$ — Oberfläche Hauptanhydrit,
$Z_1$ — Oberfläche Basalanhydrit,
$Z_3$ — Zechsteinbasis.

d) Diese Reflexionen haben den Charakter von Leitreflexionen.

e) Mit ihnen kann generell der Wallbereich A 1/Ca 2/A 2 abgegrenzt und sein struktureller Bau geklärt werden.

f) Bei Vorhandensein von Werrasteinsalz ($> 25$ m) bilden sich weitere seismisch erfaßbare Reflexionen an der

— Unterfläche des Oberen Werraanhydrits — $Z_2$,
— Oberfläche des Unteren Werraanhydrits — $Z_3'$.

g) Im engeren Wallbereich können lokal, in Abhängigkeit der Mächtigkeit und der lithofaziellen Ausbildung der Sedimente weitere Reflexionen auftreten. Sie dienen zur Untersuchung von Details:

$X_3$ — Unterfläche Hauptanhydrit tritt auf, wenn $A_3 > 50$ m;
$Z_1'$ — Oberfläche Anhydritzwischenmittel im Staßfurtsalz;
$Z_2'$ — Unterfläche des Dolomits (im Bereich Basis Staßfurtserie).

Die Reflexionsqualität ist allgemein abhängig von der

— Oberfläche des Reflektors,
— Lithologisch-petrographischen Zusammensetzung,
— Mächtigkeit des Reflektors,
— Mächtigkeit der jeweiligen zwischenlagernden Schicht.

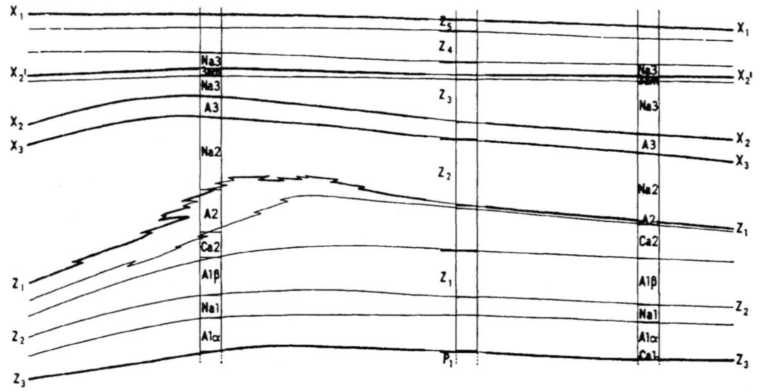


Abb. 4.

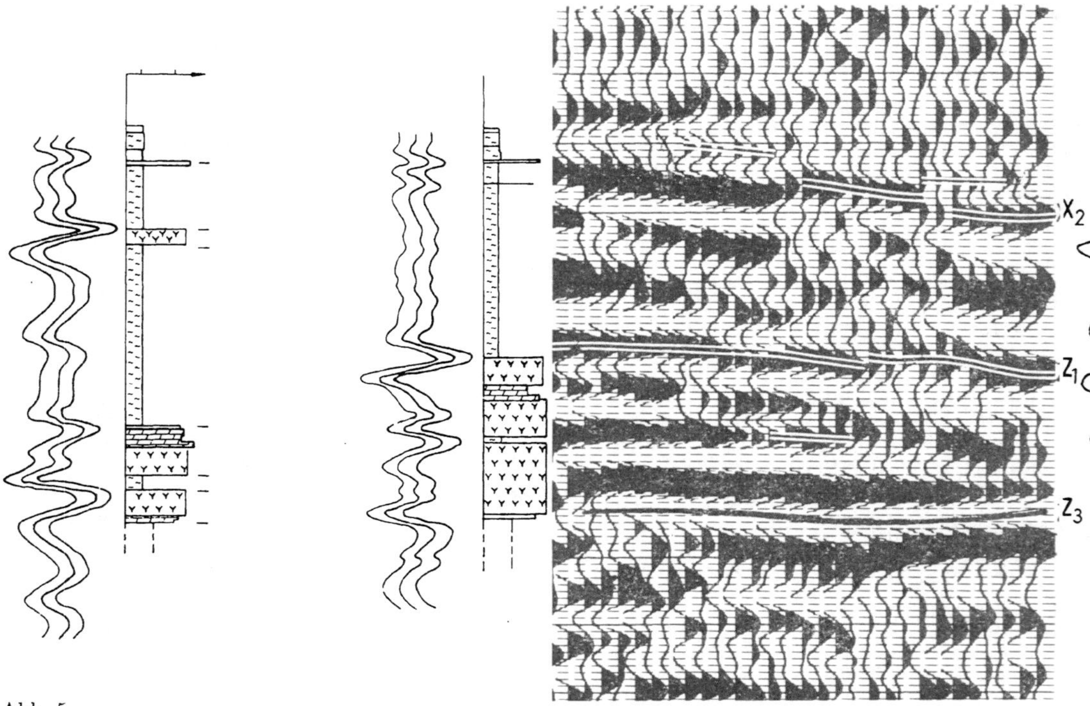


Abb. 5.

Mit Hilfe der synthetischen Seismogramme wird die Korrelation und geologische Zuordnung der Reflexionen anhand mehrerer Seismogramme überprüft (Abb. 5 und 6).

**Beispiele**

Die im Seismogramm mit $Z_1$ und $Z_3$ bezeichneten Reflexionen stimmen zeitlich gut mit denen im synthetischen Seismogramm überein. Die geologische Zuordnung der $X_2$-Reflexion muß korrigiert werden. Qualitätsverschlechterungen und schließlich der Ausfall der $X_2$- und $X_2'$-Reflexionen konnten in Verbindung mit dem synthetischen Seismogramm und dem petrographisch-petrophysikalischen Modell substantiell geklärt werden. Des weiteren konnte die Reflexionszuordnung in Gebieten mit Anhydritzwischenmitteln sicher durchgeführt und damit das strukturelle Bild im Niveau der $Z_1$-Reflexion präzisiert werden.

Durch die Nutzung synthetischer Seismogramme bei der Interpretation wird eine

- sichere Identifizierung reeller Reflexionen,
- bessere Korrelation und damit eine zuverlässigere Verfolgung,
- begründetere substantielle Zuordnung der Reflexion erreicht.

Damit kann festgestellt werden, daß durch die Einbeziehung der Ergebnisse bohrlochgeophysikalischer und petrophysikalischer Messungen über petrographisch-petrophysikalische Modelle und die Berechnung synthetischer Seismogramme in den Interpretationsprozeß seismischer Daten begründetere Angaben über den Verlauf des Wallkörpers, über die Existenz und Lage von Störungen und das Vorhandensein lokaler Hochlagen erhalten werden.

Die Untersuchungen haben andererseits aber auch gezeigt, daß der geophysikalischen Aussage durch die Kleinräumigkeit der Riffe und deren sehr komplizierten geologisch-lithofaziellen Bau Grenzen gesetzt sind. Dies gilt besonders bei der Auswertung dynamischer Parameter zum Direktnachweis von Riffkörpern. Auf der Grundlage eines in Routinemessung erhaltenen Profils (quer zum Streichen des Beckenrands) wurden Amplitude, Frequenz und Absorption untersucht.

Die schwierige Interpretation der Veränderung dynamischer Parameter liegt darin begründet, daß das seismische Signal während seiner Anregung und Ausbreitung im vielschichtigen Vertikalprofil durch verschiedene Faktoren beeinflußt wird. So werden die Amplituden der Nutz-

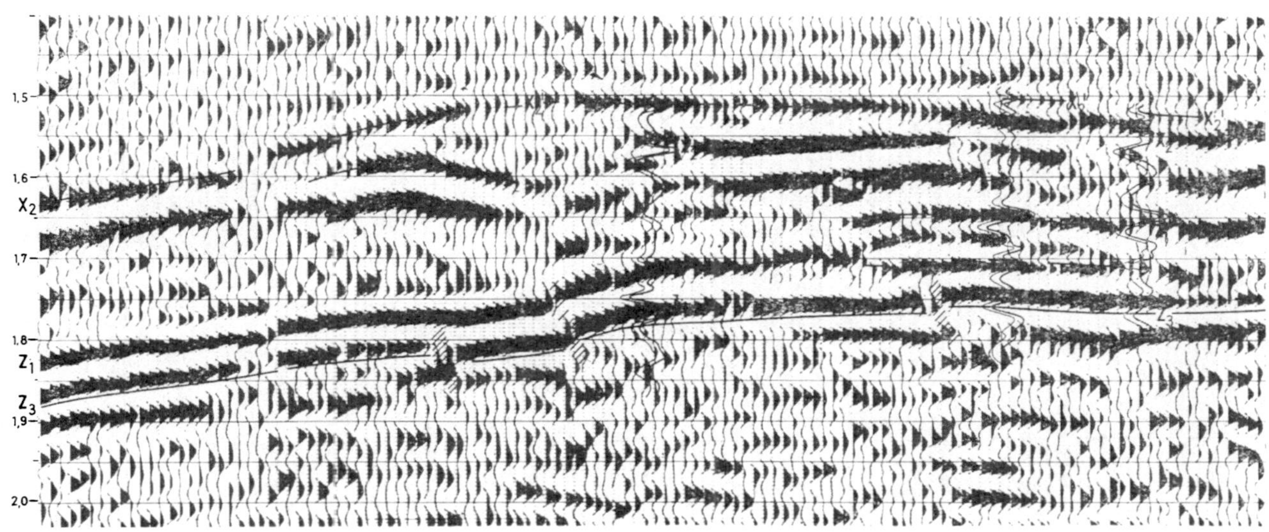


Abb. 6.

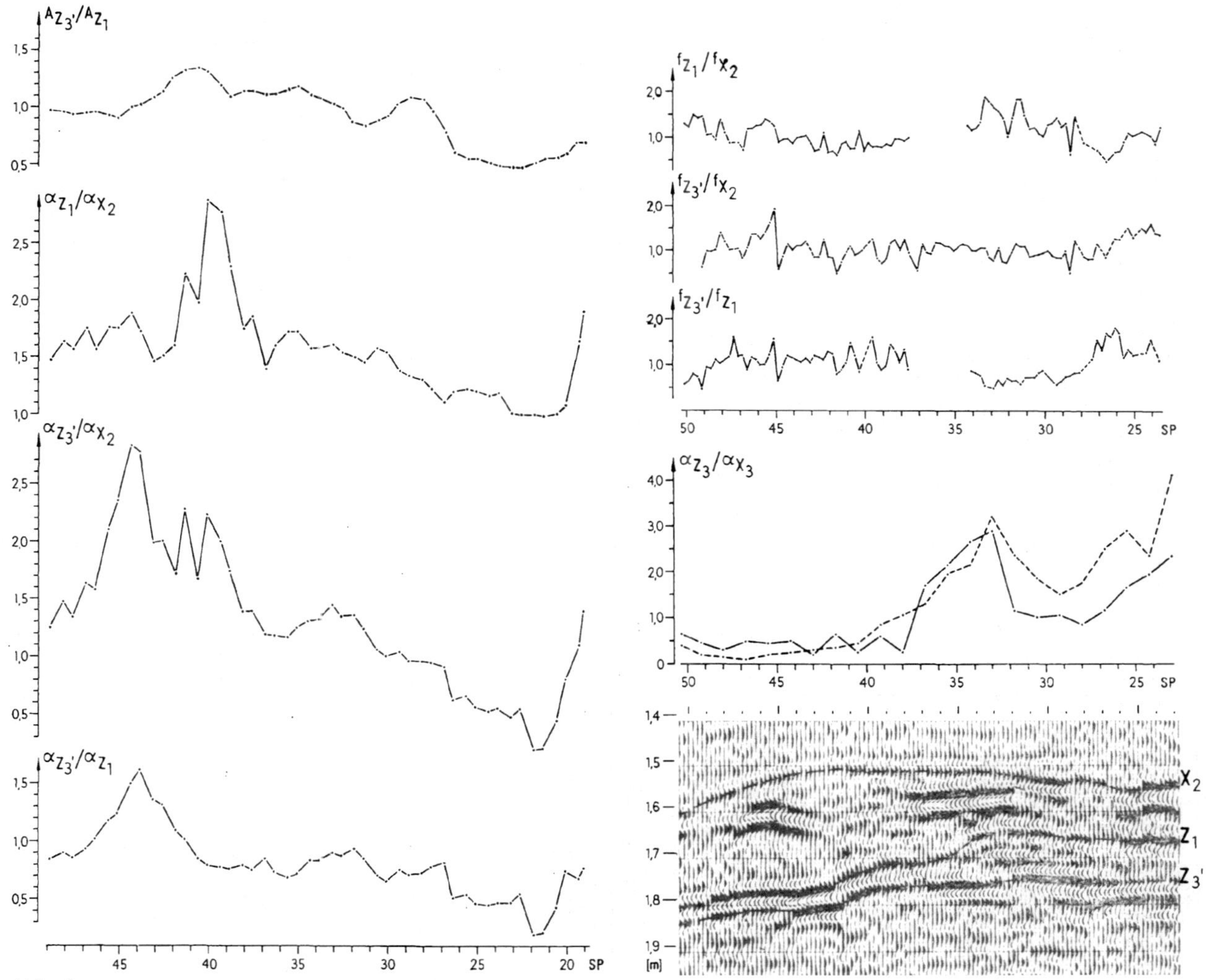


Abb. 7.

wellen durch Divergenz, Absorptionsverhalten der Schichten, Streuung, Anisotropieeffekte, Interferenzen, Diffraktionserscheinungen, Reflexions- und Transmissionsvorgänge beeinflußt. Der Grad der Absorption wird in erster Linie durch die stoffliche Zusammensetzung des Mediums bestimmt. Weiterhin können durch das Erkennen und Hervorheben von Diffraktionswellen steile Flanken, Verzahnungszonen und tektonische Störungen lokalisiert werden (Abb. 7).

Aus den Ergebnissen lassen sich Hinweise über Mächtigkeitsänderungen innerhalb des Walls und über die Lage der Wallflanke erhalten. Daraus können Aussagen über

Tabelle

| Erkundungs-etappen | Geophysikalische Arbeiten: Gravimetrie: Feldarbeiten | Gravimetrie: Ergebnisse | Seismik: Feldarbeiten | Seismik: Ergebnisse | Bohrlochgeophysik: Bohrloch-seismik: Verfahren | Bohrlochgeophysik: andere Verfahren | Petrophysik | Geologische Arbeiten | Ergebnisse |
|---|---|---|---|---|---|---|---|---|---|
| Regional-messungen (Ergebnisse im Maßstab < 1 : 100000) | Regional-messungen Punktabstand 1000–1500 m | Regionalschwere-störung (Bouguer) 2. Ableitung $g_{zz}$ nach GROSSE | Regional-profile Profil-Abstand = 6 × 10 km | Regionale Übersichtskarten Erfassung von Leithorizonten ($X_1$; $X_2$; $Z_1$; $Z_3$) Tiefenlinienschemata $X_1$; $X_2$; $Z_1$; $Z_3$ Mächtigkeitsschemata $X_2/Z_1$; $Z_1/Z_3$ | | | | | – Erfassung des generellen Baus und der Lagerungs-verhältnisse im Bereich des Beckenrands – Hinweise auf Blöcke im Präzechstein – Nachweis von Störungen im Supra- und Subsalinar – Hinweise auf die Existenz eines A1/Ca2/A2-Wall-komplexes |
| Übersichts-messungen (Ergebnisse im Maßstab 1 : 50000) | Übersichts-messungen Punktabstand 500 m (z. T. 300 m) | Regionalschwere-störung (Bouguer) 2. Ableitung $g_{zz}$ Nachweis oberflächen-naher Dichteinhomo-genitäten Aussonderung des A1/Ca2/A2-Wall-bereiches Erfassung von Dichte-inhomogenitäten im Präzechstein | Übersichts profile Profil-Abstand = 3 × 5 km | Übersichtskarten flächenhafte Korrela-tion der Leithorizonte $X_1$; $X_2$; $Z_1$; $Z_3$ Erfassen von Störun-gen im Supra- und Subsalinar Kartierung der Auf-spaltungszone $Z_1/Z_3$ Tiefenlinienkarten $X_1$; $X_2$; $Z_1$; $Z_3$ Mächtigkeitskarten $X_2/Z_1$ und $Z_1/Z_3$ | | | | | – flächenhaftes Erfassen des A1/Ca2/A2-Wall-komplexes – Aussonderung von Störun-gen im Untergrund und deren Einfluß auf die Wallausbildung – Klärung der strukturellen und tektonischen Ver-hältnisse – Ausweis lokaler Mäch-tigkeitsmaxima – Klärung der Wallmorpho-logie (beckenwärtige Flanke) |
| | Bemerkungen: 1. Abschätzung des Wallschwereeinflusses 2. Die Aussagesicherheit ist abhängig von der Tiefenlage des Walles und der Tiefencharakteristik der benutzten Formel | | | | | | | | |
| **Parallel zu den geophysikalischen Übersichtsmessungen:** Ansatz der 1. Strukturbohrung auf einer lokalen $Z_1$-Hochlage, sie muß bis ins Liegende des Zechsteins gestoßen werden. | | | | | | | | 1. Struktur-bohrung | |
| | | | | | | Kalibermes-sungen OK (Oberkante) UK (Unterkante) AK-log (Akustik-log) $\gamma\gamma$-log $n\gamma$-log | | | Bestimmung der Schicht-geschwindigkeit Ermittlung von Intervall-geschwindigkeiten Geschwindigkeitsprofile – Berechnung der $Rx$-Koeffizienten – Porositätsbestimmungen |
| | | | | | Vertikal-profilierung | | | | Bestimmung des vertikalen Geschwindigkeitsprofils Präzisierung des lokalen Geschwindigkeitsansatzes über dem Wallkomplex Stratigraphische Zuordnung der Reflexionen – Aussonderung von Multiplen |
| | | | | | | | Dichte- und Schallmessungen an Bohrkernen; Untersuchung der Reflexionseigenschaf-ten der Gesteine des Zechsteins | | Berechnung von Reflexions-koeffizienten Herstellung von synthe-tischen Seismogrammen |

| | | | | | | | | |
|---|---|---|---|---|---|---|---|---|
| | | **Komplexe Interpretation der seismischen und gravimetrischen Ergebnisse**<br>– Präzisierung des Wallverlaufs<br>– Festlegung von Störungen, besonders von Querstörungen<br>– Aussonderung von „Wallvorsprüngen" und Wallversetzungen | | | | | | |
| **Spezialmessungen** (Ergebnisse im Maßstab > 1 : 25000) | **Spezialbearbeitungen**<br>(Meßpunktabstand = Übersichtsmessungen)<br>– Profilberechnungen<br>– Störkörpergebundene Filterungen<br>– abgedeckte Schwerekarte<br>– **2. Ableitung $g_{zz}$ nach GROSSE** | **Spezialmessungen**<br>Profilabstand = 1 × 1 km | **Spezialkarten**<br>detaillierte flächenhafte Korrelation der Horizonte $X_1$; $X_2$; $X_3$; $Z_1$; $Z_2$; $Z_3$<br>Erfassung von Strukturparametern:<br>Lage, Größe, Toplage | | | | Ansatz von weiteren Such- u. Erkund.-Brgn. | |
| | | **Spezialbearbeitungen**<br>mathematische Bearbeitung der Spezialmessungen über die Rechenprogramme | | Vertikalprofilierung von 1–2 strukturgünstig stehenden Bohrungen | Durchführung des Standardprogramms | Berechnung von $Rx$-Koeffizienten | | Detaillierte Erfassung struktureller und tektonischer Elemente<br>Aussonderung von porösen Zonen im Wallkomplex<br>Feststellung von halotektonischen Deformationen<br>Hinweise auf fazielle Unterschiede nach dynamischen Parametern<br>Bestimmung der KW-Höffigkeit einzelner Strukturbereiche |
| | | | | | | Berechnung von synthetischen Seismogrammen | | |
| | | | | | | Vergleich Impulsseismogramm – Seismogramm | | |
| | | | | | | Erarbeit. eines petrophys. geol. Wallmodells | | |
| | | | | | | Überprüf. d. Zuordnung v. Leitreflex., Nachweis v. lokalen Zwischenreflex. $X_2'$; $Z_1'$; $Z_2'$; $Z_3'$ | | |
| | | **Bei Abweichung der Bohrergebnisse von den seismischen Ergebnissen**<br>Nachinterpretation des seismischen Ergebnisses<br>– Prüfung der Abweichungsursache<br>– Zuordnung<br>– Korrektur<br>– Korrelation<br>– Geschwindigkeitsansatz | | | | | Vorratsausweis | Neukonstruktion der seismischen Tiefenlinien $Z_1$; $Z_3$ und der Mächtigkeitskarte $Z_1/Z_3$ |
| | | **Gebietseinschätzung:**<br>– Konzipierung der weiteren geologischen Arbeiten<br>– Konzipierung der weiteren geophysikalischen Arbeiten | | | | | | |

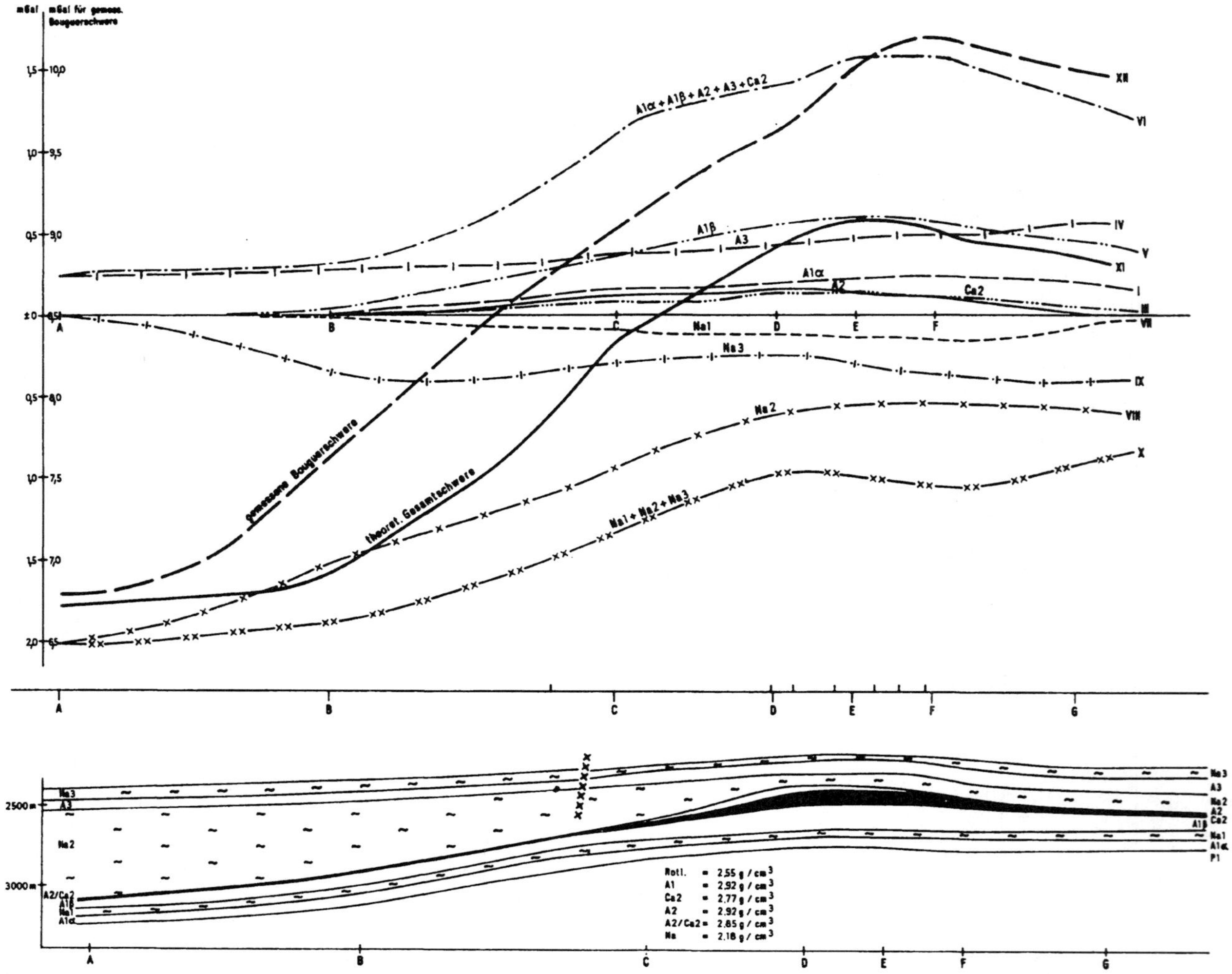


Abb. 8.

lithofazielle Vertretungen am Zechsteinbeckenrand abgeleitet werden. Es muß allerdings betont werden, daß eine Interpretation der Meßergebnisse nur bei einer komplexen Betrachtung mehrerer voneinander unabhängiger Meßgrößen sinnvoll ist.

Neben der seismischen Methode wird die Gravimetrie in der Zechsteinerkundung dort mit Erfolg eingesetzt, wo das Erkundungsobjekt einem meßbaren Effekt im Regionalfeld zuzuordnen ist. Methodische Arbeiten haben ergeben, daß bei einer Wallkörpermächtigkeit (ohne Werrasteinsalzeinfluß) von 300 m eine Schwerewirkung von ca. 2 mGal erwartet wird.

Anhand eines Beispiels soll gezeigt werden, ob ein meßbarer Schwereunterschied von einzelnen Schichtgliedern im unteren Zechstein hervorgerufen wird (Abb. 8). Für jede Schicht des Profils wurde die Schwerewirkung berechnet. Bezugsdichte war die des Rotliegenden 2,60 g/cm³. Die Kurven I bis V zeigen die Wirkung der Schichtglieder A1, A1Ca2, A2, A3 (Dichte 2,60 g/cm³).

Kurve VI = Summenkurve von I bis V;
Kurve VII–IX = zeigt die Wirkung der Zechsteinsalze (Dichte 2,60 g/cm³);
Kurve X = Summenkurve VII bis IX;
Kurve XI = ermittelt aus der Subtraktion der Kurve VI bis X.

Sie ergibt die theoretische Gesamtschwere des Pakets A1 bis Na3. Der Schwereunterschied beträgt für den Wallkomplex A1/Ca2/A2 2 mGal. Ein Vergleich der theoretischen Gesamtschwere (Kurve XI) mit der Bouguerkurve (Kurve XII) zeigt, daß beide Kurven trotz Vernachlässigung des Untergrunds und des Deckgebirges in ihrer Tendenz übereinstimmen.

Bei einer quantitativen Profilberechnung nach einem Verfahren von LINDNER besteht das Grundprinzip darin, das gemessene Schwerebild hinsichtlich der Existenz definierter geologischer Störkörper, in diesem Fall den A1/Ca2/A2-Wall, zu untersuchen. Dabei wird ein Profil des gemessenen Primärfelds mit einem zweidimensionalen Modell verglichen. Mittels eines Ausgleichprozesses werden von unterschiedlichen Kurvenpunkten der Modellkurve charakteristische Parameter ermittelt. Theoretisch muß die aus dem Ausgleichvorgang abgeleitete Kurve mit der gemessenen Kurve zusammenfallen. Entscheidend für die Qualität der geologischen Aussage ist die Güte des Modells.

Als Qualitätskriterien wurden herangezogen:

- Grad der Übereinstimmung zwischen der Modellkurve und der gemessenen Kurve;
- Summe der Abweichungsquadrate zwischen der Modellkurve und der gemessenen Kurve,
- mittlerer Abweichungswert zwischen der Modellkurve und der gemessenen Kurve.

Im Ergebnis kann dann die theoretische Schwerewirkung des im Modell angenommenen Störkörpers angegeben werden. In der Praxis ist es möglich, mit Hilfe der quanti-

Zeitschrift für angewandte Geologie, Bd. 23 (1977), Heft 8


tativen Profilberechnung die Zone guter Übereinstimmung zwischen den Modell- und gemessenen Schwerewerten flächenhaft, d. h. den Bereich erhöhter Mächtigkeit des Wallkörpers A1/Ca2/A2 zu kartieren.

Der geologische Bau des Zechsteinbeckenrands im N der DDR erfüllt die Bedingung, gravimetrisch erfaßt zu werden, so daß Modelluntersuchungen in der praktischen Erkundung von großer Bedeutung sind.

Zusammengefaßt zeigen die Ausführungen, daß die methodenspezifischen Ergebnisse Teillösungen zum Riffnachweis liefern. Ihre Synthese zur Komplexinterpretation führt zu einer wesentlichen Erhöhung der geophysikalischen Aussage. Darauf aufbauend, läßt sich daraus ein effektiver geologisch-geophysikalischer Erkundungsablauf zum Nachweis von Riffen am Zechsteinbeckenrand ableiten (Tabelle).

## Zusammenfassung

In diesem Beitrag wird die erfolgreiche kombinierte Anwendung von geophysikalischen und geologischen Untersuchungsmethoden geschildert. Es wird darauf verwiesen, daß die geophysikalischen Eigenschaften des Untergrunds genau festgestellt werden müssen, um auf diese Weise und mit Hilfe von Modellvorstellungen die notwendigen Angaben für eine exakte geologische Interpretation der geophysikalischen Daten zu erhalten.

Der Autor verweist darauf, daß sich das von ihm abgehandelte Verfahren besonders zum Nachweis von Riffen am Zechsteinbeckenrand anwenden läßt.

## Резюме

В этой статье показывают успешное комбинированное применение геофизических и геологических методов исследования. Указывается на то, что нужно точно установить геофизические свойства подпочвы, чтобы таким образом и при помощи модельных представлений получать нужные данные для точной геологической интерпретации геофизических данных.

Авторы указывают на то, что этот способ особенно применяемый для доказательства рифов на краях цехштейновых впадин.

## Summary

In a description of the successful combined application of geophysical and geological methods of investigation is emphasized that the geophysical properties of the basement must exactly be stated to be able to obtain in this way and by means of model representations those informations necessary for an exact geological interpretation of geophysical data.

The author emphasizes that the method described is particularly suited for demonstrating reefs at the margin of the Zechstein basin.

# Die Entscheidungsgröße „volkswirtschaftlich vertretbarer Aufwand“

RÜTGER, G., Freiberg/Sachs.

Im Zusammenhang mit der Forderung nach verstärkter Nutzung einheimischer mineralischer Rohstoffe ist es notwendig, die wirtschaftlich interessanten Vorräte zu ermitteln und die zur Nutzung geeigneten Vorräte (Bilanzvorräte) von den nicht zur Nutzung geeigneten Vorräten (Außerbilanzvorräte) abzugrenzen. Damit entsteht die Frage, welche Kriterien die Abgrenzung beeinflussen und bis zu welcher Aufwandsgrenze Lagerstättenvorräte in die Nutzung einzubeziehen sind. Diese Frage an sich ist so alt wie die bergbauliche Tätigkeit. Sie kann auch heute noch nicht wegen der vielfältigen zu beachtenden Einflußgrößen befriedigend beantwortet werden. Von großer Bedeutung sind die wirtschaftspolitischen und strategischen Gesichtspunkte, die einen wesentlichen Einfluß auf das Ausmaß der in die Nutzung einzubeziehenden Lagerstättenvorräte haben. Neben diesen Einflußfaktoren sind aber noch Anforderungen an den Lagerstättenvorrat selbst zu stellen. Er muß einen bestimmten Umfang haben, die entsprechenden Qualitäten besitzen und mit der modernen Technik erschließbar, d. h. die Nutzung der Bilanzvorräte muß ökonomisch vertretbar sein.

In der Vergangenheit erfolgte die Entscheidung mittels der Kenngrößen Maßwürdigkeit oder Bauwürdigkeit. Die Maß- oder Bauwürdigkeit bildete die Grundlage für die Verleihung von Bergwerksfeldern durch den Fiskus an kapitalistische Bergbauunternehmen. Ihre Bestimmung erfolgte sehr oft durch subjektive Einschätzungen. Es wird einleuchten, daß unter sozialistischen Produktionsverhältnissen die Kenngröße Bauwürdigkeit keine Berechtigung mehr hat.

In der DDR wurde 1966 die Kenngröße „volkswirtschaftlich vertretbarer Aufwand (vvA)“ geschaffen. Obwohl die Quantifizierung dieser Kenngröße noch mit Problemen behaftet ist, kann auf ihrer Grundlage die Bestimmung der zur Nutzung geeigneten Lagerstättenvorräte (Bilanzvorräte) erfolgen. Die in der Praxis noch häufig zu beobachtenden Unsicherheiten bezüglich des vvA erfordern seine Definition und das Herausstellen des Wirkungsbereichs.

Folgende Definition wird vorgeschlagen:

Der vvA ist eine in Geld ausgedrückte und von wirtschaftspolitischen Zielstellungen abzuleitende Aufwandskennziffer. Als höchstzulässiger Durchschnittswert ist er auf eine Mengeneinheit Rohstoff oder Werkstoff zu beziehen. Auf der Grundlage der aus dem volkswirtschaftlich vertretbaren Aufwand abzuleitenden Selbstkosten erfolgt die Bestimmung der Konditionen und/oder der Bilanzvorräte.

Aus der gegebenen Definition wird erkennbar, daß der vvA nur für die Abgrenzung von Bilanzvorräten benötigt wird und keine aktive Funktion während der Nutzungsphase besitzt. Während dieser Phase basiert die Arbeit des Gewinnungsbetriebs auf der staatlichen Planauflage.

Eingang des Manuskripts in der Redaktion: 1. 11. 1976.

## 1. Mögliche Methoden zur Bestimmung des volkswirtschaftlich vertretbaren Aufwands

### Allgemeine Grundsätze

Der zur Herstellung oder Gewinnung einer bestimmten Masse von gleichartigen Gebrauchswerten notwendige Arbeitsaufwand wird gesellschaftlich anerkannt, wenn die produzierte Menge zur qualitativen und quantitativen Bedürfnisbefriedigung beiträgt. Da es aber nicht möglich ist, die dafür notwendigen materiellen und finanziellen Mittel jedem Industriezweig in unbegrenzter Höhe zur Verfügung zu stellen, besteht die Notwendigkeit zu ihrer richtigen Verteilung.

Mit anderen Worten heißt das, die Gesellschaft hat und kann nur das ihr jeweils zur Verfügung stehende Volumen an Gesamtheit in Abhängigkeit von den gesellschaftlichen Bedürfnissen auf die einzelnen Bereiche der Volkswirtschaft verteilen. Für den Bergbau und den einzelnen Bergbaubetrieb wird der erforderliche Anteil an Arbeit über den volkswirtschaftlich vertretbaren Aufwand erkannt. Dabei wird in der Regel von „den vorhandenen gesellschaftlich normalen Produktionsbedingungen und dem gesellschaftlichen Durchschnittsgrad von Geschick und Intensität der Arbeit“ ausgegangen (MARX, Bd. I, S. 53).

Bekanntlich sind die mineralischen Rohstoffe nicht in gleichmäßiger Konzentration und Lage verteilt. Daraus folgt, daß bei einem gegebenen Niveau der Technologie und Leitung mit dem gleichen Arbeitsquantum an Arbeitskräften, Arbeitsmitteln und Arbeitsgegenständen unterschiedliche Mengen mineralischer Rohstoffe abgebaut werden. Dieser Tatsache muß die sozialistische Gesellschaft Rechnung tragen bei der Verteilung des gesellschaftlichen Arbeitsfonds. Sie erkennt deshalb im Interesse der Bedarfsbefriedigung die produktionsindividuellen Aufwände an, wenn diese objektiv bedingt sind.

Der gesellschaftliche Aufwand enthält bekanntlich Teile für den Ersatz der verbrauchten Arbeit und ein erforderliches Reineinkommen. Dem trägt die Lagerstättenwirtschaftsanordnung mit der Festlegung Rechnung, daß der volkswirtschaftlich vertretbare Aufwand die vertretbaren Selbstkosten plus einem in den Systemregelungen für die jeweiligen Bereiche fixierten Reineinkommen beinhalten soll.

Die Preise für die Erzeugnisse enthalten die gleichen Bestandteile und spiegeln, soweit sie nicht aus preispolitischen Gründen in einer bestimmten Höhe festgelegt sind, den gesellschaftlich anerkannten Aufwand wider.

Somit gibt es, rein qualitativ betrachtet, keinen Unterschied zwischen volkswirtschaftlich vertretbarem Aufwand und Preis. Der Preis kann und wird überall dort dem vvA entsprechen, wo die Festlegung der Lagerstättenwirtschaftsanordnung hinsichtlich der Anforderungen an die Bestandteile erfüllt wird.

Möglich ist diese Gleichsetzung im Prinzip bei all den mineralischen Rohstoffen, deren Verbrauch nicht in bestimmte Richtungen stimuliert zu werden braucht.

In der Regel sind das die im Landesmaßstab in ausreichender Menge zur Verfügung stehenden Arten mineralischer Rohstoffe, wie z. B. Sand, Kies, Schotter.

Aus der Gleichsetzung von Preis und volkswirtschaftlich vertretbarem Aufwand ergibt sich zunächst ein Problem. Wie bereits gezeigt, kann die Abgrenzung der Bilanzvorräte nicht direkt auf der Grundlage des volkswirtschaftlich vertretbaren Aufwands erfolgen. Dazu sind aus ihm die gesellschaftlich anerkannten Selbstkosten zu ermitteln. Nach der Anordnung über die zentrale staatliche Kalkulationsrichtlinie zur Bildung von Industriepreisen vom 1. 11. 1972 (GBl. II, Nr. 67) ist der je Erzeugnispreis zu kalkulierende Gewinn über eine in Systemregelungen festgelegte Fondsrentabilität zu ermitteln. Sollte der spezifische Gewinn, also der Gewinn, der von einer Mengeneinheit Rohstoff erwartet wird, noch nicht ermittelt sein, müssen die für die Konditionsermittlung verantwortlichen Mitarbeiter zunächst folgende Aufgaben lösen:

1. Bestimmung der für die Preisbildung einzubeziehenden produktiven Fonds;
2. Ermittlung des Bruttowerts dieser produktiven Fonds und der der Preisbildung zugrunde zu legenden produktiven Fonds;
3. Errechnung des jährlich zu realisierenden Gewinns auf der Grundlage des Durchschnittsbestands dieser produktiven Fonds und der für das Erzeugnis in den Systemregelungen geforderten Fondsrentabilität;
4. Ermittlung des spezifischen Gewinns mittels Division des jährlich zu erwirtschaftenden Gewinns durch die Planmenge, die bei der Preisbildung angenommen wurde.

Durch die Ermittlung der zur Nutzung geeigneten Vorräte mit Hilfe des vvA kann und will sich die sozialistische Gesellschaft auch vor wirtschaftlichen Verlusten schützen. Diese Funktion ist ein wesentlicher Bestandteil der Politik unseres Staates, welcher der vvA untergeordnet ist. Dazu sind Entscheidungen auf zentraler Ebene zu treffen und zu formulieren.

Solche gesamtvolkswirtschaftlichen Entscheidungen und Zielstellungen, die z. B. die Eigenproduktion von mineralischen Rohstoffen zur vollständigen oder Teilversorgung mit ihnen zum Inhalt haben, können solche Aspekte beinhalten wie z. B.:

- Grad der Beschaffbarkeit des Rohstoffs auf den Außenmärkten;
- Devisenlage;
- strategische Bedeutung des Rohstoffs;
- Einflüsse der Preisschwankungen von Hauptwarenmärkten;
- Minderung der Störanfälligkeit von Lieferungen;
- wirtschaftsstrukturelle und sozial-strukturelle Gründe;
- Transportsituation (Kapazität, Kosten) u. a.

Mit dieser Aufzählung soll keinesfalls eine Rangfolge festgelegt werden. Entscheidungen werden immer von der konkreten politischen und wirtschaftspolitischen Lage und Zielstellung abhängig sein und prinzipiell von den Beschlüssen der Partei- und Staatsführung zur Nutzung einheimischer Rohstoffe ausgehen.

### Der volkswirtschaftlich vertretbare Aufwand für Massenrohstoffe

Mineralische Rohstoffe, die durch eine große Vorratsmenge innerhalb eines Territoriums und einen hohen Verbrauch gekennzeichnet sind, sich mit relativ geringem Aufwand gewinnen lassen und im unverarbeiteten Zustand ökonomisch keine weiten Transportwege tragen können, werden als Massenrohstoffe bezeichnet. In der Regel dürften die Preise für Massenrohstoffe nicht in einer bestimmten Höhe festgelegt sein. Wenn keine anderen Gründe dagegen sprechen, wäre eine Gleichsetzung von Preis und volkswirtschaftlich vertretbarem Aufwand legitim. Bei näherer Betrachtung zeigt sich, daß für einen Teil der Lagerstätten von Massenrohstoffen die Nutzungsentscheidung noch von anderen Faktoren, also nicht allein vom Bedarf, beeinflußt wird. Solche Faktoren sind z. B. die örtliche Lage des Vorrats und die Lage eines herausgebildeten Verbraucherzentrums. Aus diesem Grund sind zur Vorbereitung der Nutzungsentscheidung bei Massenrohstoffen fallweise die Transportkosten mit in die Betrachtung einzubeziehen. Sie sind bei den mineralischen Rohstoffen in die Aufwandsermittlung mit einzubeziehen, deren Vorkommen über das Territorium relativ breit verteilt sind und die sich mit einem geringen einmaligen Aufwand wirtschaftlich nutzen lassen. Unter der Bedingung, daß die Preise auf kalkulatorischem Wege ermittelt wurden, kann für die Massenrohstoffe, bei denen die Transportaufwendungen zur Entscheidungsfindung nicht heranzuziehen sind, der geltende Industrieabgabepreis oder Betriebspreis gleich dem vvA sein.

$$\mathrm{IAP/BP} = \mathrm{vvA} \tag{1}$$

Für diejenigen mineralischen Rohstoffe, für deren Nutzungsentscheidung die Transportaufwendungen zu berücksichtigen sind, ergibt sich der vvA aus dem Industrieabgabepreis (IAP) oder Betriebspreis BP plus dem Transportaufwand.

Er ist dann für eine Lagerstätte in richtiger Höhe festgelegt, wenn die Einstandspreise für den Bezug in einem Verbraucherzentrum gleich oder kleiner sind gegenüber anderen möglichen Bezugsquellen. Damit wird gesichert, daß in der Nähe von Hauptverbrauchern liegende Lagerstätten genutzt werden.

Der volkswirtschaftlich vertretbare Aufwand läßt sich für die zu dieser Gruppe zuordenbaren mineralischen Rohstoffe nach einem von LÜHE (1975) unterbreiteten Vorschlag ausgegebenen Versorgungsstrukturen einschließlich der damit bestätigten Baueinstandskosten ableiten.

Mit der Vorgabe von Baueinstandskosten (= Materialeinstandspreise für den Bezug von mineralischen Rohstoffen) wird gesichert, daß die Baubetriebe nur die bestätigten Kosten in die Gesamtkosten der zu errichtenden Bauwerke verrechnen können. Die Baueinstandskosten setzen sich zusammen aus dem Industrieabgabepreis für den benötigten Rohstoff plus den anfallenden Transportkosten vom vorgesehenen Gewinnungsbetrieb zum Standortbereich der Baubetriebe. Damit wird erreicht, daß die Abnehmer die benötigten Rohstoffe nicht aus anderen, weiter entfernt liegenden Lagerstätten beziehen.

Eine Verringerung der Transportkostenbelastung läßt sich vielfach dann erreichen, wenn näher an Verbraucherzentren liegende, aber qualitativ schlechtere Lagerstätten genutzt würden. Nutzbar sind diese näher am Verbraucherzentrum liegenden Lagerstätten in der Regel nur, wenn das in der Lagerstätte enthaltene Material vor seiner Verwendung aufbereitet oder andere wirtschaftliche Nachteile, wie z. B. ein höherer Zementverbrauch, in Kauf genommen werden.

Das Anschließen einer Aufbereitungsstufe an den Gewinnungsprozeß scheitert sehr oft an der Kostenbelastbarkeit der zu gewinnenden Erzeugnisse, so daß die Kiesgewinnungsbetriebe die Nutzung solcher Lagerstätten ablehnen. Eine Lösung im volkswirtschaftlichen Interesse läßt sich nur durch die Nutzung der Transporteinsparungen für den Ausgleich des durch die notwendige Aufbereitung der qualitativ geringerwertigen Materialien entstehenden Mehraufwands erreichen. In vielen Fällen wird sich damit auch die Transportentfernung auf weniger als 50 km verringern. Damit könnte dann statt des Eisenbahntransports der billigere LKW-Transport genutzt werden. Die Nutzung der qualitativ ungünstigeren, aber näher am Verbraucher liegenden Lagerstätte ist volkswirtschaftlich vertretbar, wenn die folgende Beziehung eingehalten wird.

$$BEK_1 \geqq K_{G_2} + K_{A_2} + K_{T_2} + RE_2 \quad (2)$$

$BEK$ = Baueinstandskosten in M/ME,
$K_G$ = Gesamtselbstkosten für den Abbau in M/ME,
$K_A$ = Aufbereitungsgesamtselbstkosten in M/ME,
$K_T$ = Transportkosten in M/ME,
$RE$ = notwendiges Reineinkommen in M/ME,
1 = Standort des Gewinnungsbetriebs mit günstigen Nutzungsbedingungen,
2 = Standort des Vorkommens mit ungünstigen Nutzungsbedingungen.

Das für den Betrieb notwendige Reineinkommen ergibt sich aus der festgelegten Bemessungsgrundlage und dem vorgegebenen kalkulatorischen Gewinnzuschlag.

### Der volkswirtschaftlich vertretbare Aufwand für Nicht-Massenrohstoffe

Das Aufkommen und der Verbrauch der in dieser Gruppe erfaßbaren mineralischen Rohstoffe sind wesentlich geringer als bei den typischen Massenrohstoffen. Diese Tatsache ist nicht ohne Einfluß auf die Möglichkeiten zur Bestimmung des volkswirtschaftlich vertretbaren Aufwands. Dieser läßt sich für diese Rohstoffgruppe auf der Grundlage folgender Möglichkeiten bestimmen:

1. Der vvA wird gleich den Industrieabgabepreisen oder Betriebspreisen gesetzt.
2. Der vvA wird auf der Grundlage des Importaufwands über die Weltmarktpreise, den Transporttarifen außerhalb der DDR und den Devisen-Sorten-Umrechnungssatz bestimmt.
3. Der vvA wird aus dem Verhältnis der Entwicklung der durchschnittlichen Selbstkosten zur Entwicklung der nutzungsfähigen Vorräte abgeleitet.
4. Der vvA wird mit Hilfe von Äquivalenzzahlen, die sich aus dem Vergleich physikalisch-technischer Kennzahlen ergeben, ermittelt.

Welche von den hier genannten Möglichkeiten für die Bestimmung des volkswirtschaftlich vertretbaren Aufwands geeignet ist, hängt von den jeweiligen konkreten Bedingungen ab. Das kann auch gar nicht anders sein, da die unterschiedlichen auf den Aufwand wirkenden Einflußfaktoren keine einheitliche Vorgehensweise erlauben.

Der volkswirtschaftlich vertretbare Aufwand besteht aus den gleichen Bestandteilen wie die den Aufwand widerspiegelnden Preise. So wie man einem Preis zugesteht, daß er um sein Wertzentrum schwankt, so muß man dies auch dem vvA zubilligen.

Es wird auch in nächster Zukunft noch nicht möglich sein, den vvA ganz exakt zu ermitteln. Dem muß man Rechnung tragen und eine Fixierung des vvA mit angenäherten Verfahren vornehmen. Um eine möglichst objektive Bestimmung des vvA zu erreichen, scheint es sinnvoll, den vvA nicht nur nach einer Bestimmungsmethode zu ermitteln. Eine Ermittlung des vvA auf verschiedenen Wegen erscheint angemessen und gerechtfertigt.

#### *Zur 1. Bestimmungsmöglichkeit*

Diese Möglichkeit zur Bestimmung des vvA ist zweifellos die einfachste Methode. Sie läßt sich überall dort anwenden, wo die Preise der Rohstoffe die künftigen betrieblichen Aufwendungen decken und die Erwirtschaftung des Gewinns in der in den Rechtsvorschriften vorgesehenen Höhe gegeben ist. Voraussetzung für ihre Anwendung ist eine im gesellschaftlichen Interesse liegende Lagerstättenausnutzung.

#### *Zur 2. Bestimmungsmöglichkeit*

Bei dieser Methode wird der volkswirtschaftlich vertretbare Aufwand über die sogenannten Weltmarktpreise bestimmt. Dazu sind die Hauptwarenmärkte zu ermitteln und über mindestens 10 bis 15 Jahre reichende Preisreihen aufzustellen. Aus der sich für den ausgewählten Hauptwarenmarkt ergebenden Preisentwicklung ist nunmehr der Trend zu ermitteln und zu einem auszuwählenden Zeitpunkt zu extrapolieren, um den künftigen Weltmarktpreis zu erhalten. Für die Umrechnung der ausländischen Währung in Mark der DDR ist dann noch der für den Zeitpunkt zu erwartende Devisen-Sorten-Umrechnungssatz einzuschätzen. Der volkswirtschaftlich vertretbare Aufwand läßt sich dann unter Berücksichtigung des Transportaufwands wie folgt darstellen,

$$\text{vvA} = P_v \cdot \text{DSUS} + T_A \cdot \text{DSUS} \quad (3)$$

vvA = volkswirtschaftlich vertretbarer Aufwand,
$P_v$ = Valutapreis je Mengeneinheit,
$T_A$ = Transportkosten außerhalb der DDR in Valutawährung je Mengeneinheit,
DSUS = Devisen-Sorten-Umrechnungssatz.

Die Notwendigkeit zur Einbeziehung des Transportaufwands ist gegeben, da für den Transport außerhalb der DDR Exporte notwendig sind, denen kein Warenäquivalent gegenübersteht. Er ist stets dann zu berücksichtigen, wenn der Bezug des Rohstoffs nicht aus einem an die DDR grenzenden Land erfolgen kann. Zu überlegen wäre freilich, ob bei dieser Methode zur Bestimmung des vvA nicht doch noch ein Faktor in Form eines Anti-Importaufwands zu berücksichtigen wäre. Seine Höhe wäre dann in Abstimmung mit zentralen staatlichen Organen festzulegen. Die allgemein übliche Praxis der Einbeziehung des Richtungskoeffizienten zur Aufwandsbestimmung erscheint nicht gerechtfertigt und muß angezweifelt werden. Der Richtungskoeffizient dient dem Ausgleich des unterschiedlichen Preisniveaus zwischen den einzelnen Ländern „und orientiert die Betriebe auf handelspolitische Länderschwerpunkte (Ökonom. Lexikon 1971).

Ein nach dieser Methode bestimmter volkswirtschaftlich vertretbarer Aufwand enthält dann ebenfalls gesellschaftlich anerkannte Selbstkosten und einen Gewinnbestandteil. Zur Bestimmung der spezifischen Selbstkosten ist das aus den Systemregelungen abzuleitende spezifische Reineinkommen zu ermitteln und vom errechneten vvA zu subtrahieren.

$$SK = vvA - g \qquad (4)$$

SK = Selbstkosten je Mengeneinheit,
vvA = volkswirtschaftlich vertretbarer Aufwand,
g = Gewinn je Mengeneinheit.

Die beschriebene Methode hat einige Nachteile, deren Wirkungen die Anwendung dieses Verfahrens einschränken. So ist zu beachten, daß der Weltmarktpreis

— spekulative Einflüsse enthält, deren Eliminierung schwierig ist;
— auf Grund einer Monopolstellung des Erzeugnisses zeitweise diktiert oder manipuliert sein kann;
— um ein Wertzentrum schwankt und somit auch der enthaltende Gewinn;
— die Höhe des Devisen-Sorten-Umrechnungssatzes wegen seiner Abhängigkeiten nicht exakt bestimmbar ist.

Diese Methode sollte nicht angewandt werden bei der sogenannten Neubewertung von in Nutzung befindlichen Lagerstättenvorräten.

*Zur 3. Bestimmungsmöglichkeit*

Die hiermit vorgestellte Methode zur Bestimmung eines gesellschaftlich anerkannten Grenzwerts ist nur anwendbar bei Lagerstätten, deren Inhalt sich in arme und reiche Lagerstättenteile einteilen läßt. Der Abbau reicher Lagerstättenteile ist stets kostengünstiger als der Abbau ärmerer Vorratsteile. Hervorgerufen wird diese allgemein bekannte Tatsache durch die unterschiedlich hohen notwendigen Aufwendungen zur Gewinnung einer Mengeneinheit Nutzkomponente.

Bei unterschiedlich hohen Metallgehalten im Erz oder unterschiedlich hohem Heizwert der Kohle ist für die Gewinnung der in den Rohstoffen enthaltenen Komponenten ein unterschiedlich hohes Quantum an Arbeit notwendig. Widerspiegeln lassen sich die unterschiedlich hohen Aufwendungen mittels der Kosten. Bei einer gegebenen Kostengrenze läßt sich dann eine enge Beziehung zur Lagerstättenausnutzung feststellen.

Eine zu niedrig bemessene Kostengrenze wird bei derartigen Lagerstätten zu einer geringen Lagerstättenausnutzung und eine hoch angesetzte Kostengrenze zu einer großen Lagerstättenausnutzung führen. Für die Gesellschaft braucht die damit erreichbare hohe Lagerstättenausbeutung aber keinesfalls vertretbar zu sein.

Es leuchtet sicher ein, daß zwischen dem hohen und niedrigen Lagerstättenausnutzungsgrad die vertretbare Aufwandsgrenze liegen wird. Dazu kann man die für die Volkswirtschaft vertretbare Grenze auf zwei Wegen bestimmen, und zwar

1. über die Entwicklung des durchschnittlichen Rohmaterialausbringens in den einzelnen Verarbeitungsstufen bis hin zum ersten volkswirtschaftlich verwertbaren Finalprodukt und dessen Rückrechnung auf die Lagerstätte;

2. über die Entwicklung der durchschnittlichen Selbstkosten in Abhängigkeit von der fortlaufenden Einbeziehung von kostenungünstigen Vorratsblöcken zur fortlaufenden Durchschnittsbildung der spezifischen Gesamtselbstkosten.

Bei der Bestimmung der Aufwandsgrenze über den ersten Weg dürften sich keine Probleme ergeben. Die Vorgehensweise über den zweiten Weg erfordert dagegen weitere Ausführungen.

Bedingt durch die sukzessive Einbeziehung von Vorratsblöcken mit ständig höheren spezifischen Selbstkosten zur Ermittlung der durchschnittlichen Selbstkosten für die Gewinnung einer Mengeneinheit mineralischen Rohstoffs ergibt sich ein charakteristischer Kurvenverlauf. In der Regel beginnen die spezifischen durchschnittlichen Selbstkosten ab einem bestimmten Punkt progressiv zu wachsen. Ab diesem Punkt ist dann der für die Nutzung vorgesehene Vorratszuwachs geringer als der Zuwachs der spezifischen durchschnittlichen Selbstkosten. Würde man über dieser Grenze liegende Vorratsblöcke mit ihren hohen spezifischen Kosten in die Nutzung einbeziehen, hätte die Volkswirtschaft ein Vielfaches aufzuwenden, ohne daß die nutzungsfähige Vorratsmenge wesentlich größer wird.

Voraussetzung für die Bestimmung des vvA auf diesem Weg ist die Bildung von statistischen Gruppen nach dem Merkmal der spezifischen Selbstkosten. Die Gruppenbildung darf nicht formal erfolgen. Es ist selbstverständlich, daß die Prinzipien der Gruppenbildung beachtet werden müssen. Dazu gehört u. a. das Festlegen der konstanten Gruppenbreite. Unterschiedlich breite Gruppen führen bei verschieden großen Vorratsmengen zu einem anderen Kurvenverlauf als bei gleich großen Gruppenbreiten.

Für die beiden Bestimmungsmöglichkeiten haben die Bearbeiter die spezifischen Selbstkosten für die einzelnen Vorratsblöcke zu ermitteln. Es bedarf dazu nicht immer der Ermittlung der Vollkosten. Nutzungsentscheidungen lassen sich auch auf der Grundlage von Teilkostenrechnungen festlegen.

*4. Bestimmungsmöglichkeit*

Der Grundgedanke dieser Bestimmungsmöglichkeit besteht darin, den volkswirtschaftlich vertretbaren Aufwand mittels Äquivalenzzahlen von einem Rohstoff auf einen anderen zu übertragen. Voraussetzung dafür ist die volle oder zum überwiegenden Teil mögliche gegenseitige Austauschbarkeit der Rohstoffe. Im Prinzip wäre diese Bestimmungsmöglichkeit dann nur bei gleichartigen Mineralien anwendbar. Es gibt hinsichtlich aller Gebrauchswerteigenschaften keinen Rohstoff, der einen anderen vollständig ersetzen kann. Die Austauschbarkeit der Rohstoffe oder der Rohmaterialien ist immer auf bestimmte Einsatzgebiete beschränkt. Überwiegt jedoch ein Verwendungszweck derartig, daß nur noch geringe Mengen anderen Verwendungszwecken zugeführt werden, kann dieses Verfahren der Bestimmung des volkswirtschaftlich vertretbaren Aufwands angewandt werden.

Dazu sind die charakteristischen physikalischen oder chemischen Eigenschaften, die die Verwendung bestimmen, zu ermitteln und ins Verhältnis zu setzen. Die sich ergebende Äquivalenzzahl ist dann mit einem gegebenen vvA zu multiplizieren.

$$vvA_{ges} = vvA_A \cdot \ddot{A} \qquad (5)$$

$vvA_{ges}$ = gesuchter vvA für den betrachteten Rohstoff,
$vvA_A$ = gegebener vvA für einen ersetzbaren Rohstoff,
$\ddot{A}$ = Äquivalenz-(Verhältnis-)Zahl.

Derartige Äquivalenzzahlen können u. a. die Heizwerte der verschiedenen Energieträger oder die elektrische Leitfähigkeit sein. Einen Vorschlag zur Berechnung des volkswirtschaftlich vertretbaren Aufwands für Erdgaslagerstätten, der auf dieser Methode beruht, unterbreiteten KLEIN & GRAUMANN (1975).

## II. Schlußbetrachtungen

Die bestehende enge Abhängigkeit zwischen der Nutzung mineralischer Rohstoffe und der objektiv existierenden Aufwandsgrenze zwingt dazu, diesen Grenzwert zu fixieren. Voraussetzung dafür ist die Kenntnis der Wirkungsweise des vvA. Ein Wesensmerkmal dieser Kenngröße besteht darin, daß sie vom vorgebenden Organ stets als Grenzwert bestätigt wird und vom Empfänger, d. h. dem Beauftragten für die Ermittlung der Bilanzvorräte als Durchschnittswert zu behandeln ist. Dazu bedarf es weiterer Festlegungen zur Kenngröße vvA in den Rechtsvorschriften.
In diesem Zusammenhang scheint die Überarbeitung der Lagerstättenwirtschaftsanordnung geboten. So sollte u. a. darin zum Ausdruck gebracht werden:

- eine Definition des vvA;
- daß der vvA als Vorgabewert stets einen Grenzwertcharakter hat, der im Durchschnitt nicht überschritten werden darf;
- daß der vvA in der Regel durch die Industriepreise repräsentiert wird, wenn sie in Verbindung mit dem Anliegen nach Sicherung einer rationellen Nutzung von Lagerstättenvorräten den Aufwand in richtiger Höhe widerspiegeln;
- daß die im vvA enthaltenen Selbstkosten unmittelbare Grundlage für die Ableitung von Konditionen sind;
- daß die Konditionen Hilfsgrößen zur Bestimmung von Bilanzvorräten sind und die genauere Abgrenzung der Bilanzvorräte durch den Selbstkostenvergleich möglich wird.

Im allgemeinen erscheinen bei Kostenanalysen die Konditionen als kostenbeeinflussende Faktoren. Außerdem besagen in der ČSSR und im Mansfeldkombinat gesammelten Erfahrungen, daß mit Konditionen allein keine eindeutige Abgrenzung von Bilanzvorräten erreichbar ist.
Entscheidungen erfordern — und bei der Ermittlung von Bilanzvorräten handelt es sich im Grunde genommen darum — stets die Bereitstellung gesicherter Ausgangsdaten. Ein Mittel, um dies zu erreichen, besteht u. a. darin, die Kostenrechnung weitestgehend dem Produktionsprozeß anzupassen. Dazu sind in den Erkundungs- und Bergbaubetrieben Voraussetzungen für die Anwendung der Betriebspunkt-Kostenrechnung zu schaffen.
Bei der Ermittlung der voraussichtlichen spezifischen Kosten für die Hauptkomponente ist für den Vergleich mit den aus dem vvA abgeleiteten Selbstkosten bzw. Konditionen die Auswirkung der Nutzung von Begleitrohstoffen zu berücksichtigen.

## Zusammenfassung

Die Unsicherheiten bezüglich der Bestimmung des volkswirtschaftlich vertretbaren Aufwands haben verschiedene Ursachen. Die Hauptursache resultiert dabei aus der Kompliziertheit der Aufgabe selbst. Vorgenommene Analysen zeigen, daß Preis und vvA aus gleichen Bestandteilen bestehen und die Möglichkeit der Gleichsetzung grundsätzlich besteht. Voraussetzung dafür ist eine richtige Widerspiegelung des Aufwands durch den Industriepreis bei einer im gesellschaftlichen Interesse liegenden rationellen Nutzung von Lagerstättenvorräten. Da in einigen Fällen der Preis bewußt abweichend vom Wert festgelegt wurde, besteht die Notwendigkeit zur Ermittlung des vvA. Möglichkeiten seiner Bestimmung werden vorgestellt. Bei den Methoden können noch nicht alle Einflußgrößen erfaßt werden; die Bestimmung des vvA ist deshalb nicht nur mit einer Methode vorzunehmen. Dem Erkenntnisstand entsprechende Veränderungen im Vorschriftenwerk wären erforderlich.

## Резюме

Наблюдаемые ненадежности в отношении к определению народохозяйственно допустимой затраты имеют разные причины. Главная причина вытекает при этом из сложности самой задачи. Проведенные анализы показывают, что цена и народохозяйственно допустимая затрата состоят из равных составных частей и существует возможность принципиального приравнивания. Предпосылкой для этого является правильное отражение затраты промышленной ценой при находящемся в общественном интересе рациональном использовании запасов месторождений. Так как в отдельных случаях цена сознательно установлена с отклонением от стоймости, существует нужность выяснения народохозяйственно допустимой затраты. Представляется возможности ее определения. При представленных методах не возможно охватить все величины влиянияи определение народохозяйственно допустимой затраты проводится из-за этого не только одним методом. Были бы нужны соответствующие состоянию знания изменения в предписаниях.

## Summary

There are various causes underlying uncertainties observable on a determination of expenses justifiable from an economic point of view, of which the main cause results from the complexity of the problem itself. Analyses show that the price and expenses consist of equal components, and that it is possible to treat them as equivalent, on the assumption that expenses are properly reflected by the industrial price for a rational utilization of deposit reserves being in a social interest. Since in some cases the price has deliberately been fixed in a different way from the value, expenses justifiable from an economic point of view must necessarily be determined. The methods presented do not yet include all influences, which means that such expenses cannot only be determined by a method alone. In accordance with the present-day state of knowledge instructions must be subjected to modifications.

## Literatur

KLEIN, K.-H; GRAUMANN, S.: Volkswirtschaftlich vertretbarer Aufwand und Konditionen für Erdgaslagerstätten. — Z. angew. Geol., 21, 8, 361—365, Berlin 1975.

LÜHE, P.: Ökonomische Bewertung von Kiessandlagerstätten im Bezirk Schwerin (Kurztitel). — Abschlußarbeit — Postgraduale Weiterbildung Rohstoffbewertung, Bergakademie Freiberg, Sekt. Geowissenschaften, Freiberg 1975.

MARX, K.: Das Kapital. — Dietz-Verlag, Berlin 1969.

Anordnung über die zentrale staatliche Kalkulationsrichtlinie zur Bildung von Industriepreisen. — Gbl. DDR, Teil II, Nr. 67 vom 24. 11. 1972.

Ökonomisches Lexikon. — II, 2. Aufl., Verlag Die Wirtschaft, Berlin 1971

# Buchbesprechungen

IWANOW, JU. G.

**Die Metallogenie des Zinns in Primorje**

Moskwa, „Nedra", 1971, 272 S., 18 Tab., 28 Abb., 220 Lit.

Auf der Grundlage der geologischen Entwicklung des Fernen Ostens und des strukturgeologischen Baus dieses Gebiets werden die metallogenetischen Epochen, ihre Intrusivbildungen und die an sie geknüpften Vererzungen beschrieben und eine metallogenetische Rayonierung vorgenommen. Von den untersuchten metallogenetischen Epochen konnten Zinnvererzungen nur in der spätbaikalischen Etappe (Wosnesensk-Granit), in der herzynischen und kimmerischen Epoche (nur geringe Vererzungen), aber überwiegend in der alpidischen Epoche nachgewiesen werden, und zwar sowohl endogene als auch Seifenlagerstätten.

Ein umfangreiches Kap. (74 S.) ist der ausführlichen Beschreibung der Formationen und Typen der Zinnvererzungen des Primorje-Erzbezirks gewidmet. Einleitend geben Tabellen Auskunft über die prozentuale Verteilung der Zinnlagerstätten bezüglich der Gesamtzahl an Lagerstätten, der stratigraphischen Verteilung von Vererzungserscheinungen und Lagerstätten sowie der Bindung der Zinnlagerstätten an Nebengesteine mit unterschiedlichem Chemismus. 16 Kartenskizzen und Profile der verschiedenen Lagerstätten illustrieren dieses Kap.. Die vorgenommene Lagerstätten-Klassifizierung unterscheidet drei große Gruppen von Zinnlagerstätten: Silikat-Quarz-Gruppe; Silikat-Karbonat-Gruppe; Silikat-Sulfid-Gruppe. Zur ersten Gruppe gehören die Formationen der Zinn-Pegmatite, die Kassiterit-Quarz-Formation und die Kassiterit-Quarz-Sulfid-Formation. Zur zweiten Gruppe gehören die Formation zinnhaltiger Skarne, die Fluor-Silikat-Kassiterit-Formation und die Kassiterit-Karbonat-Sulfid-Formation. Zur dritten Gruppe gehören die Kassiterit-Silikat-Formation und die Kassiterit-Sulfid-Formation.

An die Beschreibung der Lagerstätten schließt sich ein ausführliches Kap. über die metallogenetische Rayonierung dieses Gebiets und die Stellung der Zinnvererzung an. Außerdem behandelt Verf. die Wechselbeziehungen zwischen einzelnen Eruptivgesteinen und der Zinnvererzung, Gänge und Zinnerzführung, die strukturell-lithologische Kontrolle der Vererzung, die Veränderung des Nebengesteins und Fragen der Zonalität postmagmatischer Bildungen. Als Quelle der Zinnvererzung werden je nach Formation sowohl palingene, aus Tiefenherden gespeiste Schmelzen, als auch Herde vom Typ der „kleinen Intrusionen" genannt. An letztere sind nur geringe Vererzungen geknüpft. Die alpidische metallogenetische Epoche als wichtigster Zeitraum der Zinnvererzung (vorwiegend Silikat-Quarz-Gruppe und Silikat-Sulfid-Gruppe) zeichnete sich durch unterschiedlich tief liegende Herde (500 bis 3500 m unter der damaligen Oberfläche) aus. Die Erzkörper sind allgemein kompliziert gelagert, wobei metasomatische Erscheinungen weit verbreitet sind.

Die angestrebte komplexe Betrachtung wird durch einen Abschnitt abgeschlossen, der die Verknüpfung der Zinnvererzung mit anderen Mineralstoffen und Nutzkomponenten behandelt, wobei die o. g. Klassifizierung ein nützliches Mittel zur Verallgemeinerung der Aussagen über die Rohstoff-Führung des Primorje-Gebiets ist. Das vorliegende Buch dürfte für die Kenner der mitteleuropäischen Zinnvererzungen und speziell der Zinnlagerstätten der DDR neue, interessante Impulse für metallogenetische Arbeiten geben. P. KRÜGER

Autorenkollektiv (Hrsg. K. H. WOLF)

**Handbook of stratabound and stratiform ore deposits**

Amsterdam—Oxford—New York: Elsevier Scientif. Publish. Comp. 1976.
2863 S., zahlreiche Abb. u. Tab., US-Dollar 327,25.

In dem vorliegenden Gesamtwerk werden die großen Fortschritte auf dem Gebiet der schichtgebundenen und schichtförmigen Erzlagerstätten in den letzten Jahren von 74 namhaften Geowissenschaftlern unter Leitung von Prof. Dr. K. H. WOLF dargestellt. Insgesamt geben alle Arbeiten einen ausgezeichneten Überblick über die verschiedensten Mineralisationen sowohl in sedimentären als auch magmatischen und schwach bis mäßig metamorphen Wirtsgesteinen in allen wichtigen schichtförmigen/schichtgebundenen Lagerstättentypen. Dabei ist besondere Aufmerksamkeit generellen physikochemischen Faktoren der Metallanreicherung, syngenetischen, diagenetischen und epigenetischen Prozessen, vulkanischen Exhalationen und nicht zuletzt der Oberflächenverwitterung in kontinentalem Süßwasser- und marinem Milieu gewidmet.

Das Alter der beschriebenen Erzlagerstätten, metallführenden Vorkommen und auch einiger nichtmetallischer Mineralparagenesen erstreckt sich vom Präkambrium bis zu rezenten Bildungen. In den einzelnen Abhandlungen sind eng begrenzte lokalgeographische Erläuterungen auf ein Minimum beschränkt. Dagegen werden physikochemische, genetische und regionalgeologische Probleme ausführlich beschrieben.

In mehreren Arbeiten werden Untersuchungsergebnisse modellartig dargelegt, so daß vergleichende Betrachtungen für Mineralisationen in ähnlichen geologischen Schichtenfolgen in unterschiedlichen geographischen Räumen möglich erscheinen.

Jeder Beitrag enthält eine spezifische Literaturauswahl. Das Gesamtwerk ist in die zwei Hauptteile „Grundsätze und generelle Studien" sowie „Regionale Studien und spezifische Lagerstätten" mit insgesamt 7 Bänden gegliedert. In seiner Gesamtheit hat es einen hohen Informationsgehalt und bildet für den genannten Lagerstättentyp eine ziemlich komplette, auf den neuesten Kenntnissen fußende Übersicht, die für die nächsten Jahre richtungsweisend sein wird. Dabei muß jedoch auch erwähnt werden, daß jeder Band für sich eine Einheit darstellt und separat verwendet werden kann.

Zusammenfassend kann festgestellt werden, daß mit dem „Handbuch für schichtgebundene und schichtförmige Erzlagerstätten" für den praktisch und wissenschaftlich tätigen Geowissenschaftler ein modernes Arbeitsmittel vorgelegt wird. Es ist jedoch zu bedauern, daß in diesem Buch keine Arbeiten von Geowissenschaftlern der sowjetischen Schule, die auf viele neue physikochemische, minero- und metallogenetische Erkenntnisse in den diskutierten Lagerstättentypen verweisen können, enthalten sind.

Die äußere Form des Handbuchs entspricht der weitgesteckten fachlichen Zielsetzung.

Das Gesamtwerk gliedert sich in folgende Hauptabschnitte:

Teil I: Grundsätze und generelle Studien (1379 Seiten)

Band 1: Klassifikationen und geschichtliche Studien (338 Seiten)

Band 2: Geochemische Studien (363 Seiten)

Band 3: Supergene und oberflächliche Erzlagerstätten; Texturen und Strukturen (353 Seiten)

Band 4: Tektonik und Metamorphose (325 Seiten)

Teil II: Regionale und spezifische Lagerstätten (1484 Seiten)

Band 6: Kupfer-, Zink-, Blei- und Silberlagerstätten (585 Seiten)

Band 7: Gold-, Uran-, Eisen-, Mangan-, Quecksilber-, Antimon-, Wolfram- und Phosphorlagerstätten (580 Seiten)

W. JUNG, G. KNITZSCHKE

NEWNHAM, R. E.

**Structure — Property Relations**

Springer-Verlag, Berlin—Heidelberg—New York 1975.
234 S., 29 Abb., DM 72,—

Der vorliegende 2. Band der Serie „Crystal Chemistry of Non-Metallic Materials" stellt Struktur-Eigenschaftsbeziehungen aus der Sicht des kristallographisch orientierten Werkstoffwissenschaftlers dar. Es ist das erklärte Anliegen des Verf., unter Anwendung kristallchemischer Prinzipien das für die Suche nach neuen Werkstoffen erforderliche Grundlagenwissen bereitzustellen und den Bezug zu technischen Problemen zu betonen. Ausgehend von den Zusammenhängen zwischen Symmetrie und physikalischen Eigenschaften der Kristalle (Kap. I) werden die Argumente für das Auftreten oder Fehlen bestimmter Effekte erläutert. In den Kap. II—VII schließt sich auf der Grundlage atomistischer Betrachtungen eine Diskussion des Elektronentransports, der thermischen Eigenschaften und des Ionentransports, von Ferroelektrika und anderen ferritischen

Materialien, von optischen Materialien, von magnetischen Stoffen sowie von Materialien mit nutzbaren mechanischen Eigenschaften an. Zahlreiche Beispiele aus verschiedenen Werkstoffgruppen, die den aktuellen technologischen Entwicklungsstand repräsentieren, werden in den einzelnen Kap. besprochen. Ausführliche Literaturangaben zu den 7 Kap., ein Substanz- und ein Sachregister vervollständigen diesen Band. Verf. ist es gelungen, die den Struktur-Eigenschaftsbeziehungen zugrunde liegenden molekularen Mechanismen anhand kristallchemischer Gesetzmäßigkeiten als einen Ausgangspunkt bei der Entwicklung neuer Materialien sehr wirkungsvoll darzustellen.

A. Engel

Jubelt, R.

**Mineralbestimmungsbuch**

Leipzig: VEB Deutscher Verlag für Grundstoffindustrie 1976. 258 S., 121 Abb., 10 Tab., 28 Farb- und 12 Schwarzweißfotos, 2 Beilagen, M 12,—

Das — trotz relativ hoher erster Auflage — nun in 2. Auflage vorliegende Buch bestätigt augenscheinlich eine erfolgreiche verlegerische Konzeption, die darin besteht, bei möglichst breiten Bevölkerungskreisen Interesse zu wecken, Verständnis zu fördern und Wissen zu vermitteln über Minerale als natürliche chemische Verbindungen der Lithosphäre.
Diesem Anspruch wird Verf. gerecht und beschreibt über 200 wichtige und häufig vorkommende Minerale auf Grund ihrer Eigenschaften, Genese, Kristallausbildung und praktischen Bedeutung. Entstanden ist auf diese Weise ein informatives Minerallexikon, weniger ein Mineralbestimmungsbuch, wie es der Titel eigentlich verspricht. Den Schlüssel zur Mineralbestimmung liefert lediglich eine beidseitig bedruckte Suchtabelle im Format A3. Wer sich nicht ohnehin in der Mineralwelt auskennt, wird es bei der Bestimmung schwer haben. Dennoch ist das Buch für den angesprochenen Personenkreis eine lohnenswerte Anschaffung, wozu auch die einführenden Kapitel über physikalische und chemische Eigenschaften der Minerale, über Mineralentstehung, Paragenesen und einige geologische Probleme beitragen.
Bemerkenswerte Neuerung ist die sichtbar verbesserte Druckqualität der farbigen Mineralabbildungen, die — in der 1. Auflage völlig unbefriedigend — nun auch einen Eindruck von der Schönheit von Mineralen zu vermitteln vermag.

U. Wutzke

# Informationen

**Zweitgrößte Trinkwassertalsperre der DDR**

Mit der Talsperre Eibenstock im Erzgebirge entsteht gegenwärtig die zweitgrößte Talsperre in der DDR. Ihr Stauraum umfaßt 84 Mill. $m^3$. Die überstaute Fläche wird 3,5 $km^2$ betragen. Ab 1981 wird die Talsperre Trinkwasser an die Städte Karl-Marx-Stadt, Zwickau und Stolberg abgeben sowie weitere 230 Gemeinden in diesem Gebiet mit Wasser versorgen (1980 Probebetrieb). Die seit 1974 im Bau befindliche Talsperre ist nur um wenig kleiner als die Rappbode-Talsperre im Harz, die eine überstaute Fläche von 3,9 $km^2$ umfaßt und einen Wasserstauraum von 108,5 Mill. $m^3$ aufweist. Insgesamt verfügt die DDR derzeit über 150 Talsperren und Rückhaltebecken mit einer Speicherkapazität von 1,2 Mrd. $m^3$, die bis 1980 auf 1,4 Mrd. $m^3$ anwachsen wird.

**Ölschieferlagerstätten in der SFR Jugoslawien**

Durch geologische Untersuchungsarbeiten wurde bei Aleksinac am Unterlauf der Juzna Morava ein Erdölschiefervorkommen erkundet, dessen Vorräte mit zwei Mrd. t beziffert werden. Die Ölschiefer, deren durchschnittlicher Ölgehalt 10% beträgt, lagern in 70 m Tiefe. Auch in der Umgebung der Städte Krusevac, Trstenik und Valjevo wurden in letzter Zeit solche nachgewiesen. Bedeutende Vorkommen befinden sich ferner in der Region Timocka Krajina (Ölgehalte von 20 bis 50%) sowie nahe Vranje. Die SFR Jugoslawien verfügt damit über Ölschieferlagerstätten im Umfang von ca. 6 Mrd. t, wobei ca. 5 Mrd. t auf serbischem Gebiet konzentriert sind. Die mögliche Ölausbeute wird von Experten mit 175 Mill. t angegeben.

**Neue Kohlevorkommen in England**

Ein neues Kohlevorkommen wurde in der englischen Grafschaft Warwickshire in den Midlands nachgewiesen. Sein Vorrat wird auf 200 Mill. t förderbare Kohle geschätzt. Die Flöze, deren Mächtigkeit bis zu sechs Metern betragen, lagern in Teufen von 300 bis 750 m. Weitere Vorkommen sind in Yorkshire und im Vale of Belvoir in den östlichen Midlands sowie bei Edinburgh unter dem Meereseinschnitt der Firth of Forth festgestellt worden. Die gewinnbaren Vorräte des Landes werden auf ca. 45 Mrd. t geschätzt. Im Jahre 1976 sind 122 Mill. t Kohle gefördert worden.

**Eisenerzerkundung in der Türkei**

Im Jahre 1976 wurden in der Türkei Eisenerzvorkommen in Höhe von 66 Mill. t nachgewiesen. Die erkundeten größeren Lagerstätten befinden sich in den Provinzen Adana in Südostanatolien (ca. 20 Mill. t), Yogzat in Zentralanatolien (ca. 20 Mill. t) und Bingöl in Ostanatolien (ca. 17 Mill. t). Kleinere Vorkommen sind im Gebiet von Malatya, Sivas und Divrig nachgewiesen worden. Der Eisengehalt der Vorkommen liegt bei 52%. In Einzelfällen erreicht er 62%. Mit den 1976 erzielten Erkundungsergebnissen hat sich der Umfang der Eisenerzvorräte der Türkei auf etwa 800 Mill. t erhöht.

# Kurznachrichten

Im Jahre 1976 wurden in der **UdSSR** 21 Mrd. $m^3$ **Erdgas** gefördert und damit gegenüber 1975 eine weitere Steigerung um 11% erzielt.

Mit der Restgewinnung von **Erdöl** aus einer seit 100 Jahren in Förderung befindlichen Erdöllagerstätte bei Baku **(UdSSR)**, in der noch mehr als 50% der Vorräte vorhanden sind, wurde begonnen. Durch fächerförmig geneigte Bohrungen gelangt das Erdöl in die bei 340 m Tiefe angelegten Bohrkammern, sammelt sich dort und wird abgepumpt.

Geologische Erkundungsarbeiten in der **VR Polen** haben bei Legnica zum Nachweis von **Braunkohlenlagerstätten** geführt, deren Vorräte auf 2,5 Mrd. t geschätzt werden. Ihr Aufschluß im Tagebau wird nach der Errichtung des Bergbau- und Energiekomplexes Belchatow erfolgen.

Die **Kohlevorkommen** von **Mocambique** werden schrittweise erschlossen. Im Bergbaugebiet Moatize im Sambesital wurde eine neue Grube in Betrieb genommen, die auf einen etwa achtjährigen Gewinnungsbetrieb ausgelegt ist.

Die **VR China** verfügt über reiche Vorkommen an **Antimon-** und **Wolframerzen**. Die Antimonerzvorräte werden auf 4 Mill. t, die Wolframerzvorräte auf 100 Mill. t geschätzt. Hinsichtlich der Produktion beider Metalle nimmt das Land eine Spitzenposition in der Welt ein (14000 bis 15000 t/a).

Die derzeitigen Vorräte der **Blei-Zink-Lagerstätte** Sullivan Mine **(Guayana)** werden auf einige zehn Mill. t geschätzt, obgleich aus dieser Lagerstätte seit mehr als 70 Jahren über 100 Mill. t Erz gefördert wurden.

Im Bundesstaat Minas Gerais in der Nähe von Patos de Minas **(Brasilien)** wurden **Phosphatvorkommen** nachgewiesen, deren Ausdehnung etwa 16 km beträgt. Die Vorräte werden auf ca. 100 Mill. t geschätzt.

Amerikanische Wissenschaftler haben im **Pazifik**, u. a. im Gebiet zwischen den Galapagosinseln und Ekuador, mit der Suche nach metallhaltigen **heißen Quellen** auf dem Meeresgrund in 3000 m Tiefe begonnen.

Im Zeitraum 1977 bis 1980 wird der Südteil des Territoriums der **VR Polen** einer systematischen aerogeophysikalischen **Erkundung** unterzogen. Magnetometrische und spektrometrische Messungen werden u. a. zur Klärung der Tektonik der Karpaten, der Sudeten und der Swietokrzyskie Gory beitragen.

Im Gebirgskomplex Escambrai an der Südküste der **VR Kuba** führen seit 1976 kubanische und tschechoslowakische Geologen gemeinsame **Forschungsarbeiten** durch. Sie verfolgen das Ziel, die Lagerstättenperspektiven eines 5000 $km^2$ großen Gebiets zu klären.

Bezugsmöglichkeiten der „Zeitschrift für angewandte Geologie"

Bestellungen sind zu richten

- **in der DDR** an den Postzeitungsvertrieb; an eine Buchhandlung oder an den Akademie-Verlag, DDR - 108 Berlin, Leipziger Straße 3–4
- **im sozialistischen Ausland** an eine Buchhandlung für fremdsprachige Literatur oder an den zuständigen Postzeitungsvertrieb
- **in der BRD und Westberlin** an eine Buchhandlung oder an die Auslieferungsstelle KUNST und WISSEN, Erich Bieber, 7 Stuttgart, Wilhelmstraße 4–6
- **in Österreich** an den Globus-Buchvertrieb, 1201 Wien, Höchstädtplatz 3
- **im übrigen Ausland** an den Internationalen Buch- und Zeitschriftenhandel; den Buchexport, Volkseigener Außenhandelsbetrieb der Deutschen Demokratischen Republik. DDR - 701 Leipzig, Postfach 160, oder an den Akademie-Verlag, DDR - 108 Berlin, Leipziger Straße 3–4.

„Zeitschrift für angewandte Geologie"

Herausgeber: Prof. Dr. Karl Schmidt, Direktor des Zentralen Geologischen Instituts, Berlin, im Auftrage des Ministeriums für Geologie der Deutschen Demokratischen Republik.
Chefredakteur: Dr. Kurt Kauter, Zentrales Geologisches Institut, Berlin.
Anschrift der Redaktion: DDR - 1054 Berlin, Kastanienallee 69 (Fernruf 2824293/2824593).
Verlag: Akademie-Verlag, DDR - 108 Berlin, Leipziger Straße 3–4; Fernruf: 2236221 oder 2236229; Telex-Nr. 114420; Postscheckkonto: Berlin 35021.
Bank: Staatsbank der DDR, Berlin, Kto.-Nr. 6836-26-20712.
Veröffentlicht unter der Lizenznummer 1279 des Presseamtes beim Vorsitzenden des Ministerrates der Deutschen Demokratischen Republik. P 109/77.
Gesamtherstellung: VEB Druckhaus „Maxim Gorki", DDR - 74 Altenburg.
Erscheinungsweise: Die Zeitschrift erscheint monatlich. Die 12 Hefte eines Jahres bilden einen Band. Bezugspreis je Band 144,– M zuzüglich Versandspesen (Preis für die DDR 24,– M). Bezugspreis je Heft 12,– M (Preis für die DDR 12,– M).
Bestellnummer dieses Heftes: 1047/23/8.

AN (EDV) 32138

# Zeitschrift für angewandte Geologie 8/77

Herausgegeben vom Zentralen Geologischen Institut Berlin im Auftrag des Ministeriums für Geologie der Deutschen Demokratischen Republik
Verlag: Akademie-Verlag, 108 Berlin, Leipziger Straße 3—4


Нэльдеке, В.; Швав, Г.

**К тектоническому развитию платформенных покровных гор Северогерманско-Польской впадины при особом учете северной части ГДР**

Z. angew. Geol., Берлин, 23 (1977) 8, стр. 369—379, 7 илл., 75 лит.

Дается обзор о структурном развитии покровной горы в Северогерманско-Польской впадине при особом ударении палеотектонических и впадинодинамических точек зрений. Развитие между верхним стефанским/отенийским веками и третичним периодом происходило в 4 стадиях развития: активизация (ранная стадия, стефанский — саксонский I), основное опускание (саксонский II — средний кейпер), дифференцирование (верхний кейпер — нижний мел) и стабилизация (верхний мел — кайнозой). Оно привело в последных двух стадиях к возрастающему приравнению пространства впадины на стабильное состояние Восточноевропейской платформы. Этот выделяющийся по уменьшенной доли седиментации как выражение снимающей интензивности опускания процесс перекрывается рифмичноцикличным строением литологической последовательности с образованием 4 крупных циклов, но временный отрезок их покрывается только частично с выделенными стадиями развития (саксонский II — средний кейпер, верхний кейпер — вельд/валанжинский, готеривский — маастрихский/средний палеоцен, верхний палеоцен — четвертичний).

Алексеев, Ф. А.

**К зональности нефте-газового генезиса в литосфере по изотопно-геохимическим исследованиям**

Z. angew. Geol., Берлин, 23 (1977) 8, стр. 379—382, 2 илл., 3 табл., 10 лит.

Изотопный состав углерода из углеводородов разных зон превращения органического вещества подвергается точным рассмотрением. Поэтому можно расличать биохимическую, переходную и термокаталитическую зоны с характерным составом изотопов содержащего в метане углерода. Представляется схема вертикальной зональности нефте-газового генезиса, в которой изображена верхняя зона образования газа (происхождение метана), содержащая биохимическую и переходную зоны превращения органического вещества (от 0 до 1800 м) с их характерным богатством легких углеродистых изотопов. Под этой зоной находится зона образования нефти и газа, которая совпадает с термокаталитической зоной превращения органического вещества (от 1,8 до 6,0 км). В очень больших глубинах (от 6 до 7 и более км) предпологается зона термокаталитического, высокотемпературного образования газа.

**Метасоматоз и рудообразование**

(Реферат: В. Бейер)

Z. angew. Geol., Берлин, 23 (1977) 8, стр. 383—385

Преусс, Б.; Гиндорф, Л.; Винтрих, Х.

**О методике микрофотометрических исследований рассеяннораспределенных органических веществ для определения степени диагенезиса осадочных пород**

Z. angew. Geol., Берлин, 23 (1977) 8, стр. 385—390, 7 илл.. 52 лит.

По результатам микрофотометрических определений отражательной способности витринита рассеянного органического вещества можно судить в характере диагенетических процессов, происшедших в осадочных породах, и в связи с этим о перспективах нефтегазоносности. Проводится дискуссия о возможности и пределах применения этого метода. С точки зрения авторов применение этого метода для исследования рассеянного органического вещества является эффективнейшим чем обогащение органического вещества из осадочных пород химическими методами. Кроме того, сравнивается между собой такие величины, характеризующие степень углефикации, как „отражательная способность витринита" и „летучие вещества". Эти величины были установлены на основе элиминированных из угленосных пластов чистых частиц витртнита и экзинита. В заключении подчеркивается, что такие данные, полученные по результатам микрофотометрических определений отражательной способности витринита рассеянного органического вещества необходимо дополнить результатами других лабораторных методов исследования, как например по методам определения способности селективного окисления керогена и флюресцентной фотометри.

Рэслер, Х.-Й.; Нестлер, П. и. др.

**К происхождению карбонатов в основных породах на основе исследований изотопов $^{18}O$ и $^{13}C$**

Z. angew. Geol., Берлин, 23 (1977) 8, стр. 390—393, 2 илл., 1 табл., 19 лит.

Были исследованы 65 карбонатных и магматических пород палеозоя ГДР на состав изотопов С и О в карбонате $CO_2$. Этот изотопный анализ позволил, полуколичественно оценывать магматическое и осадочное влияние при образовании карбонатов.

Бланкенбург, Х.-Й.; Нолк, Г.; Ванек, И.

**К отношению между первичным генезисом кварцов и величиной зерен кварцевого песка от Хоенбока**

Z. angew. Geol., Берлин, 23 (1977) 8, стр. 393—395, 3 илл., 3 табл., 2 лит.

Определен первичный генезис кварцов месторождения Хоенбока и при этом разработана корреляция для величины зерен песка, для окатанности и для шероховатости поверхности кварцевых зерен. Указывается на значение исследования для геолого-генетических высказаний и для проблем сырьевого хозяйства.

Фогт, Х.-Й.

**О геохимии микроэлементов бром, йод, бор, стронций и литий в минерализованных водах северной части ГДР**

Z. angew. Geol., Берлин, 23 (1977) 8, стр. 395—402, 9 илл., 13 лит.

Региональное распределение микроэлементов (бром, йод, бор, стронций и литий) в подземных минерализованных водах северной части ГДР, а также статистическая обработка взаймосвязи с другими компонентами подземных вод показывают, что накопление брома в подземных водах тесно связано с формированием макросостава растворов. В отличии от этого поведение других микроэлементов нельзя непосредственно связать с этим процессом. Для йода и бора намечается некоторая корреляционная связь с органическим веществом в окружающихся породах. Накопление стронция в подземных минерализованных водах определяется наряду с литофациальными условиями содержанием сулфатионов в воде.

Милковеану, Д.

**Спектральный анализ и синтез эквивалентной модели горизонтальной бесконечной призмы с треугольновидным срезом для интерпретации геофизического исследования месторождений**

Z. angew. Geol., Берлин, 23 (1977) 8, стр. 402—409, 9 илл., 33 лит.

Представляется эквивалентная модель бесконечной призмы с треугольновидным срезом (двухмерным) для применения при интерпретации гравиметрических, магнетических и аэромагнетических исследований месторождений, а именно на основе спектрального анализа и синтеза (частотные, гармонические по Фурье) практических результатов измерения. Далее представляются формулы для спектров мощности как и для функций автокорреляции, относящиеся к обозначающимся в исследовании месторождений геофизическим величинам. Также показывают опыт интерпретации и обсуждают при этом следующие существенные точки, которые связаны со соответствующей интерпртацией: Выбор соответствующей модели, производная потенциальных полей, определение геометрических и физических параметров, обозначающие геологическую структуру и др. Как дополнение приводится еще некоторые численные примеры, относящиеся к практическому применению.

Хаупт, М.; Геррманн, Х.

**Значение геологическо-геофизических моделей для геофизической разведки при особом учете решаемых в цехштейне проблем**

Z. angew. Geol., Берлин, 23 (1977) 8, стр. 410—417, 8 илл., 1 табл.

В этой статье показывают успешное комбинированное применение геофизических и геологических методов исследования. Указывается на то, что нужно точно установить геофизические свойства подпочвы, чтобы таким образом и при помощи модельных представлений получать нужные данные для точной геологической интерпретации геофизических данных.
Авторы указывают на то, что этот способ особенно применяемы для доказательства рифов на краях цехштейновых впадин.

Рютгер, Г.

**Величина решения — народохозяйственно допустимая затрата**

Z. angew. Geol., Берлин, **23** (1977) 8, стр. 417–421, 5 лит.

Наблюдаемые ненадежности в отношении к определению народохозяйственно допустимой затраты имеют разные причины. Главная причина вытекает при этом из сложности самой задачи. Проведенные анализы показывают, что цена и народохозяйственно допустимая затрата состоит из равных составных частей и существует возможность принципиального приравнивания. Предпосылкой для этого является правильное отражение затраты промышленной ценой при находящемся в общественном интересе рациональном использовании запасов месторождений. Так как в отдельных случаях цена сознательно установлена с отклонением от стоймости, существует нужность выяснения народохозяйственно допустимой затраты. Представляется возможности ее определения. При представленных методах не возможно охватить все величины влиянияи определение народохозяйственно допустимой затраты проводится из-за этого не только одним методом. Были бы нужны соответствующие состонию знания изменения в предписаниях.



**Neuerscheinungen und Literaturhinweise**

Baker, E. T.; Wall, J. R.

Summary appraisals of the Nation's ground-water resources, Texas-Gulf Region

**Washington: US Gov. Print. Off. 1976. 29 S., 5 Abb., 3 Anl., 2 S. Lit.**

Dohr, G.

Applied geophysics

**Stuttgart: F. Enke Verlag 1976. 272 S., 125 Abb. (Geol. Petr., Vol. 1)**

Gristschenko, M. N.

Das Pleistozän und Holozän des oberen Donbeckens (russ.)

**Moskau: Verlag Nauka 1976. 228 S., 64 Abb., 20 Tab.**

Gwinner, M. P.

Origin of the Upper Jurassic Limestones of the Swabian Alb, Southwest Germany

**Stuttgart: Schweizerbarth 1976. 75 S., 66 Abb., 6 Tab., 5 S. Lit. (Contr. Sedimentol. 5)**

Kavardin, G. I.

Die Metallogenie der NW-Sibirischen Tafel (russ.)

**Leningrad: Verlag Nedra 1976. 157 S., 32 Abb., 26 Tab., 117 Lit. (Tr. nautsch.-issl. Inst. Geol. Arktiki, T. 178)**

Kézdi, A.

Handbuch der Bodenmechanik, Band 4: Anwendung der Bodenmechanik in der Praxis

**Berlin: VEB Verlag Bauwesen 1976. 292 S.**

Kříž, H.

Die hydrogeologische und klimatologische Bewertung der Grundwasser der ČSSR

**Prag: Verlag Acad. 1976. 116 S., 34 Abb., 22 Tab., 3 Kt.**

Kusmin, W. I.; Krasnoperow, M. J.

Nomogramme für die Auswertung und Analyse geologischer Erkundungsinformationen (russ.)

**Moskau: Verlag Nauka 1976. 28 S., 14 Abb.**

Milanowskij, E. E.

Die Riftzonen der Kontinente (russ.)

**Moskau: Verlag Nedra 1976. 277 S., 67 Abb., 2 Tab., 309 Lit.**

Schluechter, C.

Geologische Untersuchungen im Quartär des Aaretals südlich von Bern

**Bern: 1976. 117 S., 54 Abb., 1 Tab., 1 Taf., 5 S. Lit.**

Sinelnikowa, W. N.; Fotjanowa, L. I. u. a.

Das Mio-Pliozän West-Kamtschatkas (russ.)

**(Tr. geol. Inst. ANSSR, Wyp. 294)**

Villumsen, A.; Anderson, H. L.

Late- and post-glacial sediments in the Randers Fjord Area

**Kopenhagen: Reitzel 1976. 124 S., 54 Abb., 7 Tab., 5 Anl., 4 S. Lit. (Danmarks geol. Unders., R. 2, Nr. 107)**

...

Abwasserreinigungsverfahren der stoffwandelnden Industrie

**Leipzig: VEB Dt. Verlag Grundstoffind. 1976. 214 S. (Techn. u. Umweltschutz 13)**

...

Periglacial processes

**Stroudsburg: Dowden, Hutchinson & Ross 1976. 459 S. (Benchmark. Pap. Geol., Vol. 27)**

...

Anleitung für die topographische Aufnahme in den Maßstäben 1:5000, 1:2000, 1:1000 und 1:500 (russ.)

**Moskau: Verlag Nedra 1976. 207 S., 93 Abb., 49 Tab., 23 Lit.**

FSC
www.fsc.org
MIX
Papier | Fördert gute Waldnutzung
FSC® C083411

Zeitfracht Medien GmbH
Ferdinand-Jühlke-Straße 7
99095 Erfurt, Deutschland
produktsicherheit@kolibri360.de